一图一算一注解之水利工程造价

主编 张国栋

中国水利水电出版社
www.waterpub.com.cn

内 容 提 要

本书依据《水利工程工程量清单计价规范》(GB50501 - 2007)和《水利建筑工程预算定额》《水利水电设备安装工程预算定额》进行编写。包含的内容主要有土石方开挖工程、土石方填筑工程、砌筑工程、混凝土工程、模板工程、钢筋、钢构件加工及安装工程、机电设备安装工程、金属结构设备安装工程共 8 章。

书中内容主要是以中小型实例的形式呈现,同时结合图形——进行计算,涵盖了清单和定额两种算法,在每道题的题干后面列有清单工程量表,将所要计算的项目罗列出来,且对每个实例的各分项工程的工程量计算方法均作了较详细的解答说明,每题之后均有工程量清单综合单价分析表,对每一小项又有清晰的解释,本书内容涵盖面广,结构层次清晰,让读者看后能达到心领神会的效果。

本书可供水利工程造价人员、工程造价管理人员、工程审计员等相关专业人士参考,也可作为高等院校相关专业师生的实用参考书。

图书在版编目(C I P)数据

一图一算一注解之水利工程造价 / 张国栋主编. --北京 : 中国水利水电出版社, 2016.1
ISBN 978-7-5170-2914-4

Ⅰ. ①一… Ⅱ. ①张… Ⅲ. ①水利工程-工程造价 Ⅳ. ①TV51

中国版本图书馆CIP数据核字(2015)第023283号

书 名	一图一算一注解之水利工程造价
作 者	主编 张国栋
出版发行	中国水利水电出版社
	(北京市海淀区玉渊潭南路 1 号 D 座 100038)
	网址:www. waterpub. com. cn
	E - mail:mchannel@ 263. net(万水)
	sales@ waterpub. com. cn
	电话:(010)68367658(发行部)、82562819(万水)
经 售	北京科水图书销售中心(零售)
	电话:(010)88383994、63202643、68545874
	全国各地新华书店和相关出版物销售网点
排 版	北京万水电子信息有限公司
印 刷	三河市铭浩彩色印装有限公司
规 格	185mm×260mm 16 开本 11.5 印张 279 千字
版 次	2016 年 1 月第 1 版 2016 年 1 月第 1 次印刷
印 数	0001—3000 册
定 价	26.00 元

编 委 会

前　言

随着我国经济建设的迅速发展,工程造价在社会主义现代化建设中发挥着越来越重要的作用,为了帮助水利工程造价工作者解决实际工作中经常遇到的难题,同时也为相关专业人员提供必要的参考资料,我们特组织编写此书。

本书依据《水利工程工程量清单计价规范》(GB50501-2007)和《水利建筑工程预算定额》《水利水电设备安装工程预算定额》进行编写,以中小型实例为主。每一道题都有比较详细的清单工程量和定额工程量计算过程,工程量清单综合单价分析表对每一分项工程的综合单价均做了详细的分析。本书结合当前水利行情,选择典型水利工程作为实际案例,根据所列案例,理论联系实际,结合图形教读者怎样正确计算工程量,套用定额子目和选取各种取费系数计取有关费用,真正达到学以致用的目的。同时本书采用的是《水利工程工程量清单计价规范》(GB50501-2007),将工程量清单计价的预算新内容、新方法、新规定引入在内,让读者在第一时间内掌握新规范的最新内容。

本书在编写过程中,将案例涉及到的每一分项工程均进行了工程量计算、综合单价分析、分项工程造价汇总,尽量避免缺项漏项,使其计算更加全面。本书在编写过程中得到了许多同行的支持与帮助,在此表示感谢。

由于编者水平有限和时间紧迫,书中难免有错误和不妥之处,望广大读者批评指正。如有疑问,请登录 www. gczjy. com(工程造价员网)或 www. ysypx. com(预算员网)或 www. debzw. com(企业定额编制网)或 www. gclqd. com(工程量清单计价网),或发邮件至 zz6219@163.com 或 dlwhgs@ tom. com 与编者联系。

编　者
2016 年 1 月

目　录

第 5 章　模板工程

第 6 章　钢筋、钢构件加工及安装工程

第 7 章　机电设备安装工程

第 8 章　金属结构设备安装工程

第1章　土石方开挖工程

例1　某泵站厂房开挖预算单价

某泵站厂房剖视图如图 1-1 所示。该泵站厂房开挖采用 1m³ 挖掘机挖装土,自卸汽车运输,运输距离为 2km,土为Ⅲ类土。已知该开挖工程初级工人工预算工资为 2.32 元/工时,1m³ 挖掘机机械台时费为 136.94 元/台时,59kW 推土机机械台时费为 70.41 元/台时,5t 自卸汽车机械台时费为 59.27 元/台时,8t 自卸汽车机械台时费为 83.71 元/台时,10t 自卸汽车机械台时费为 98.76 元/台时。其他直接费费率 2%,现场经费费率为 9%,间接费率 9%,利润率为 7%,税率为 3.22%,求泵站开挖预算单价。

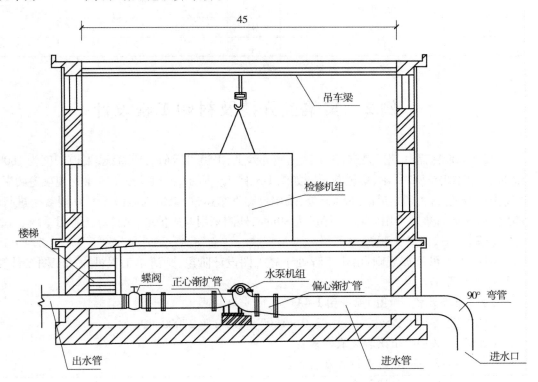

图 1-1　某泵站厂房剖视图

【解】　泵站厂房开挖预算单价为 13.21 元/m³,计算过程见表 1-1。

表1-1 土方开挖工程单价计算表

定额编号:10366   1m³挖掘机挖装土自卸汽车运输   单位:100m³自然方

施工方法:1m³挖掘机挖装土,5t自卸汽车运输,运距为2km

序号	项目	单位	数量	单价/元	合计/元
(一)	直接工程费	元			1097.25
(1)	直接费	元			988.51
①	人工费	元			15.54
	初级工	工时	6.70	2.32	15.54
②	材料费	元			38.02
	零星材料费	%	4		38.02
③	机械使用费	元			934.95
	挖掘机1m³	台时	1.00	136.94	136.94
	推土机59kW	台时	0.50	70.41	35.21
	自卸汽车	台时	12.87	59.27	762.80
(2)	其他直接费	%	2		19.77
(3)	现场经费	%	9		88.97
(二)	间接费	%	9		98.75
(三)	企业利润	%	7		83.72
(四)	税金	%	3.22		41.21
	合　计	元			1320.93

例2 某渠道开挖及衬砌工程设计

某平原地区需开挖一渠道,该地区土质为沙土,渠道可近似看成直线,渠道长度为1800m,渠道的平面图如图1-2所示,渠道断面图如图1-3、图1-4所示,渠道开挖土方量先使渠道两岸加高,多余的土方量运送到渠道以外2km处,采用自卸汽车运输,渠道内侧采用C20混凝土进行衬砌,厚度为100mm;垫层采用砂砾石,厚度为80mm,外侧采用草皮护坡,试计算工程量。

【解】　一、清单工程量

清单工程量计算规则:由于工程处于施工图设计阶段,则清单工程量为施工图纸计算所得工程量乘以系数1.0。

(一)土方开挖(如图1-2~图1-4)

清单工程量 = $1/2 \times (2+8) \times 3.0 \times 1800 \times 1.0 m^3 = 27000.00 m^3$

【注释】　2——开挖后渠底宽度;

8——地面开挖宽度;

3.0——开挖深度;

1/2——梯形体积计算系数;

1800——渠道长度;

1.0——折算系数。

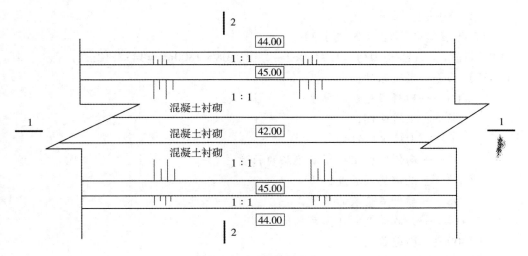

图 1-2 渠道平面图

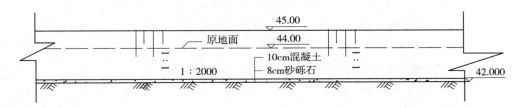

图 1-3 1—1 断面图

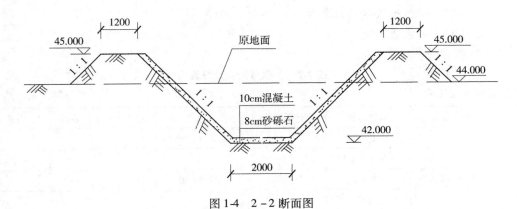

图 1-4 2—2 断面图

(二)土方回填(如图 1~4)

清单工程量 $= 0.5 \times (1.2 + 3.2) \times (45 - 44) \times 2 \times 1800 \times \mathrm{m}^3 = 7920.00 \mathrm{m}^3$

【注释】 1.2——渠道两岸梯形断面顶宽;

3.2——渠道两岸梯形断面底宽;

45——岸顶高程;

44——原地面高程;

2——渠道两岸;

0.5——渠道两岸梯形体积的计算系数;

1800——渠道长度。

（三）砂砾石垫层（如图1-3、图1-4）

清单工程量 $= [(3-0.08) \times 1.414 \times 2 + 2] \times 0.08 \times 1800 \mathrm{m}^3 = 1477.12 \mathrm{m}^3$

【注释】 3——渠道深度；

0.08——砂砾石垫层的厚度；

2——渠道两侧；

$(3-0.08) \times 1.414 \times$

2——两侧斜坡上砂砾石垫层的长度；

2——底部垫层长度；

0.08——砂砾石垫层的厚度；

1.414——斜坡长度的计算系数；

1800——渠道长度。

（四）混凝土衬砌（如图1-4）

清单工程量 $= [(3-0.18) \times 1.414 \times 2 + 2] \times 0.10 \times 1800 \mathrm{m}^3 = 1795.49 \mathrm{m}^3$

【注释】 3——渠道深度；

$(3-0.18) \times 1.414 \times$

2——两侧斜坡上混凝土的长度；

2——底部垫层长度；

0.10——混凝土的厚度；

0.18——垫层的厚度；

1.414——斜坡长度的计算系数；

1800——渠道长度。

清单工程量计算见表1-2。

表1-2　工程量清单计算表

工程名称：某渠道工程 　　　　　　　　　　　　　　　　　　　　　　　　第　页　共　页

序号	项目编码	项目名称	计量单位	工程量	主要技术条款编码	备注
1		渠道工程				
1.1		土方开挖工程				
1.1.1	500101003001	土方开挖	m³	27000.00		
1.2		土方填筑工程				
1.2.1	500103001001	土方填筑	m³	7920.00		
1.2.2	500103007001	渠道衬砌垫层	m³	1477.12		
1.3		混凝土工程				
1.3.1	500109001001	混凝土衬砌	m³	1795.49		

二、定额工程量（套用《水利建筑工程预算定额》）

（一）土方开挖

$1 \mathrm{m}^3$ 液压反铲挖掘机挖土自卸汽车运输为运距 2km

定额工程量 $= 1/2 \times (2+8) \times 3 \times 1800 \mathrm{m}^3 = 27000 \mathrm{m}^3 = 270.00 (100 \mathrm{m}^3)$

套用定额 10450,定额单位:100m^3

(二)土方填筑

1. 74kW 推土机推土,推土距离平均为 10m

定额工程量 $= 0.5 \times (1.2 + 3.2) \times (45 - 44) \times 2 \times 1800\text{m}^3 = 7920\text{m}^3 = 79.20(100\text{m}^3)$

套用定额 10269,定额单位:100m^3

2. 74kW 拖拉机压实

定额工程量 $= 0.5 \times (1.2 + 3.2) \times (45 - 44) \times 2 \times 1800\text{m}^3 = 7920\text{m}^3 = 79.20(100\text{m}^3)$

套用定额 10473,定额单位:100m^3

(三)渠道衬砌垫层

1. 2m^{3}装载机装砂石料自卸汽车运输,自卸汽车选用 5t,运距 2km

$$定额工程量 = [(3 - 0.08) \times 1.414 \times 2 + 2] \times 0.08 \times 1800\text{m}^3$$
$$= 1477.12\text{m}^3$$
$$= 14.77(100\text{m}^3)$$

套用定额 60224,定额单位:100m^3

2. 人工铺筑砂石垫层

$$定额工程量 = [(3 - 0.08) \times 1.414 \times 2 + 2] \times 0.08 \times 1800\text{m}^3$$
$$= 1477.12\text{m}^3$$
$$= 14.77(100\text{m}^3)$$

套用定额 30001,定额单位:100m^3

(四)混凝土衬砌

1. 0.4m^{3}搅拌机拌制 C20 混凝土

$$定额工程量 = [(3 - 0.18) \times 1.414 \times 2 + 2] \times 0.10 \times 1800\text{m}^3$$
$$= 1795.49\text{m}^3$$
$$= 17.95(100\text{m}^3)$$

套用定额 40134,定额单位:100m^3

2. 斗车运混凝土,运距 200m

$$定额工程量 = [(3 - 0.18) \times 1.414 \times 2 + 2] \times 0.10 \times 1800\text{m}^3$$
$$= 1795.49\text{m}^3 = 17.95(100\text{m}^3)$$

套用定额 40145,定额单位:100m^3

3. 明渠衬砌

衬砌厚度采用 10cm,采用衬砌厚度为 15cm 的定额。

$$定额工程量 = [(3 - 0.18) \times 1.414 \times 2 + 2] \times 0.10 \times 1800\text{m}^3$$
$$= 1795.49\text{m}^3$$
$$= 17.95(100\text{m}^3)$$

套用定额 40061,定额单位:100m^3

该渠道工程分类分项工程工程量清单计价表见表 1-3,工程单价汇总表见表 1-4,工程量清单综合单价分析表见表 1-3 ~ 表 1-8 所示。

表1-3　分类分项工程量清单计价表

工程名称:某渠道开挖及衬砌工程　　　　　　　　　　　　　　　　　　　　　　　第　页　共　页

序号	项目编码	项目名称	计量单位	工程量	单价/元	合价/元	主要技术条款编码	备注
1		渠道工程						
1.1		土方开挖工程						
1.1.1	500101003001	土方开挖	m³	27000.00	29.14	786780.00		
1.2		土方填筑工程						
1.2.1	500103001001	土方填筑	m³	7920.00	8.47	67082.40		
1.2.2	500103007001	渠道衬砌垫层	m³	1477.12	128.81	190267.83		
1.3		混凝土工程						
1.3.1	500109001001	混凝土衬砌	m³	1795.49	445.57	800016.48		

表1-4　工程单价汇总表

工程名称:某渠道开挖及衬砌工程　　　　　　　　　　　　　　　　　　　　　　　第　页　共　页

序号	项目编码	项目名称	计量单位	人工费	材料费	机械费	施工管理费和利润	税金
1		渠道工程						
1.1		土方开挖工程						
1.1.1	500101003001	土方开挖	m³	1.20	0.63	19.88	6.52	0.91
1.2		土方填筑工程						
1.2.1	500103001001	土方填筑	m³	0.66	0.57	5.08	1.90	0.26
1.2.2	500103007001	渠道衬砌垫层	m³	15.56	67.47	12.93	28.83	4.02
1.3		混凝土工程						
1.3.1	500109001001	混凝土衬砌	m³	52.90	238.83	39.94	100.00	13.90

表1-5　工程量清单综合单价分析表

工程名称:某渠道开挖及衬砌工程　　　　　　　标段:　　　　　　　　第1页　共4页

项目编码	500101003001	项目名称	渠道土方开挖工程	计量单位	m³

清单综合单价组成明细

定额编号	定额名称	定额单位	数量	单价				合价			
				人工费	材料费	机械费	管理费和利润	人工费	材料费	机械费	管理费和利润
10450	1m³液压反铲挖掘机挖土自卸汽车运输	100m³	270/27000=0.01	119.88	63.25	1988.37	652.37	1.20	0.63	19.88	6.52
人工单价			小　计					1.20	0.63	19.88	6.52
3.04元/工时(初级工)			未计材料费					—			
清单项目综合单价								28.23			

材料费明细	主要材料名称、规格、型号			单位	数量	单价/元	合价/元	暂估单价/元	暂估合价/元
	其他材料费					—	19.88	—	
	材料费小计					—	19.88	—	

表 1-6 工程量清单综合单价分析表

工程名称:某渠道开挖及衬砌工程　　　　　　　　标段:　　　　　　　　第 2 页　共 4 页

项目编码	500103001001		项目名称		渠道土方填筑工程		计量单位		m³
清单综合单价组成明细									
定额编号	定额名称	定额单位	数量	单 价				合 价	
				人工费	材料费	机械费	管理费和利润	人工费	材料费	机械费	管理费和利润
10269	74kW 推土机推土	100m³	79.2/7920 = 0.01	4.87	14.45	139.67	47.76	0.05	0.14	1.40	0.48
10473	74kW 拖拉机压实	100m³	79.2/7920 = 0.01	60.85	42.93	368.49	141.88	0.61	0.43	3.68	1.42
人工单价			小　计					0.66	0.57	5.08	1.90
3.04 元/工时(初级工)			未计材料费					—			
清单项目综合单价								8.21			
材料费明细	主要材料名称、规格、型号				单位	数量	单价/元	合价/元	暂估单价/元	暂估合价/元
	其他材料费						—	0.57	—	
	材料费小计						—	0.57	—	

表 1-7 工程量清单综合单价分析表

工程名称:某渠道开挖及衬砌工程　　　　　　　　标段:　　　　　　　　第 3 页　共 4 页

项目编码	500103007001		项目名称		渠道衬砌垫层		计量单位		m³
清单综合单价组成明细									
定额编号	定额名称	定额单位	数量	单 价				合 价	
				人工费	材料费	机械费	管理费和利润	人工费	材料费	机械费	管理费和利润
60224	2m³ 装载机装砂石料自卸汽车运输	100m³	14.77/1477.12 = 0.01	16.13	26.19	1293.31	401.26	0.16	0.26	12.93	4.01
10450	人工铺筑砂石垫层	100m³	14.77/1477.12 = 0.01	1539.62	6721.02	0.00	2481.7	15.40	67.21	0.00	24.82
人工单价			小　计					15.56	67.47	12.93	28.83
3.04 元/工时(初级工)			未计材料费					—			
清单项目综合单价								124.79			
材料费明细	主要材料名称、规格、型号				单位	数量	单价/元	合价/元	暂估单价/元	暂估合价/元
	碎石				m³	1.02	65.24	66.54		
	其他材料费						—	0.93	—	
	材料费小计						—	67.47	—	

表1-8　工程量清单综合单价分析表

工程名称:某渠道开挖及衬砌工程　　　　　　　标段:　　　　　　　　第4页　共4页

| 项目编码 | 500101004001 | | 项目名称 | | | 渠道衬砌 | | 计量单位 | | m³ |

| 清单综合单价组成明细 |||||||||||

定额编号	定额名称	定额单位	数量	单价				合价			
				人工费	材料费	机械费	管理费和利润	人工费	材料费	机械费	管理费和利润
40134	0.4m³搅拌机拌制C20混凝土	100m³	17.95/17.9549=0.01	1183.07	67.08	2170.75		11.83	0.67	21.71	
40145	斗车运混凝土	100m³	17.95/1795.49=0.01	474.65	34.82	105.75		4.75	0.35	1.06	
40061	明渠衬砌	100m³	17.95/1795.49=0.01	3631.68	23780.58	1716.95	10000.05	36.32	237.81	17.17	100.00
人工单价				小　计				52.90	238.83	39.94	100.00
3.04元/工时(初级工) 5.62元/工时(中级工) 6.61元/工时(高级工) 7.11元/工时(工长)				未计材料费				—			
清单项目综合单价								431.67			

材料费明细	主要材料名称、规格、型号			单位	数量	单价/元	合价/元	暂估单价/元	暂估合价/元
	混凝土　C20			m³	1.03	228.27	235.12		
	水			m³	1.80	0.19	0.34		
	其他材料费					—	3.40	—	
	材料费小计					—	238.86	—	

该渠道设计工程单价计算表见表1-9~表1-16。

表1-9　水利建筑工程预算单价计算表

工程名称:渠道土方开挖工程　　　　单价编号:500103002001　　　定额编号:10450　　　定额单位:100m³

施工方法:1m³液压反铲挖掘机挖土自卸汽车运输

工作内容:挖装、运输、卸除、空回

编号	名称及规格	单位	数量	单价/元	合计/元
一	直接工程费				2421.22
1	直接费				2171.50
(1)	人工费				119.88
	初级工	工时	39.4	3.04	119.88
(2)	材料费				63.25
	零星材料费	%	3	2108.25	63.25
(3)	机械费				1988.37
	反铲挖掘机　1m³	台时	1.00	209.58	209.58

（续）

施工方法：1m³ 液压反铲挖掘机挖土自卸汽车运输

工作内容：挖装、运输、卸除、空回

编号	名称及规格	单位	数量	单价/元	合计/元
	推土机 59kW	台时	0.50	111.73	55.87
	自卸汽车 5t	台时	12.87	133.22	1714.50
	胶轮车	台时	9.36	0.90	8.42
2	其他直接费	%	2171.50	2.50	54.29
3	现场经费	%	2171.50	9.00	195.43
二	间接费	%	2421.22	9.00	217.91
三	企业利润	%	2639.13	7.00	184.74
四	税金	%	2823.87	3.22	90.93
五	其他				
六	合　计				2914.80

注：1. 零星材料费以人工费、机械费之和为计算基数。

2. 其他直接费以直接费为基数，乘以相应的费率。

3. 现场经费以直接费为基数，乘以相应的费率。

4. 间接费以直接工程费为计算基数，乘以相应的费率。

5. 企业利润以直接工程费与间接费之和为计算基数，乘以相应的费率。

6. 税金以直接工程费、间接费、企业利润之和为计算基数，乘以相应的费率。以下同类表格表示同上。

表 1-10　水利建筑工程预算单价计算表

工程名称：渠道土方填筑工程　　　单价编号：500101004001　　　定额编号：10269　　　定额单位：100m³

施工方法：74kW 推土机推土

编号	名称及规格	单位	数量	单价/元	合计/元
一	直接工程费				177.27
1	直接费				158.99
(1)	人工费				4.87
	初级工	工时	1.6	3.04	4.87
(2)	材料费				14.45
	零星材料费	%	10	144.53	14.45
(3)	机械费				139.67
	推土机	台时	1.25	111.73	139.67
2	其他直接费	%	158.99	2.50	3.97
3	现场经费	%	158.99	9.00	14.31
二	间接费	%	177.27	9.00	15.95
三	企业利润	%	193.22	7.00	13.53
四	税金	%	206.75	3.22	6.66
五	其他				
六	合　计				213.41

表1-11 水利建筑工程预算单价计算表

工程名称:渠道土方填筑工程   单价编号:500101004001   定额编号:10473   定额单位:100m³

施工方法:74kW 拖拉机压实

工作内容:推平、刨毛、压实、削坡、洒水、补边夯、辅助工作

编号	名称及规格	单位	数量	单价/元	合计/元
一	直接工程费				526.59
1	直接费				472.27
(1)	人工费				60.85
	初级工	工时	20	3.04	60.85
(2)	材料费				42.93
	零星材料费	%	10	429.34	42.93
(3)	机械费				368.49
	拖拉机 74kW	台时	1.89	122.19	230.94
	推土机 74kW	台时	0.50	149.45	74.73
	蛙式打夯机 2.8kW	台时	1.00	14.41	14.41
	刨毛机	台时	0.50	89.53	44.77
	其他机械费	%	1.00	364.84	3.65
2	其他直接费	%	472.27	2.50	11.81
3	现场经费	%	472.27	9.00	42.50
二	间接费	%	526.59	9.00	47.39
三	企业利润	%	573.98	7.00	40.18
四	税金	%	614.16	3.22	19.78
五	其他				
六	合计				633.93

表1-12 水利建筑工程预算单价计算表

工程名称:渠道衬砌垫层   单价编号:500103007001   定额编号:60224   定额单位:100m³

施工方法:2m³ 装载机装砂石料自卸汽车运输

编号	名称及规格	单位	数量	单价/元	合计/元
一	直接工程费				1489.23
1	直接费				1335.63
(1)	人工费				16.13
	初级工	工时	5.3	3.04	16.13
(2)	材料费				26.19
	零星材料费	%	2	1309.44	26.19
(3)	机械费				1293.31
	挖掘机 2m³	台时	0.79	209.58	165.57
	推土机 88kW	台时	0.40	111.73	44.69
	自卸汽车 8t	台时	8.13	133.22	1083.05

（续）

施工方法:2m³ 装载机装砂石料自卸汽车运输

编号	名称及规格	单位	数量	单价/元	合计/元
2	其他直接费	%	1335.63	2.50	33.39
3	现场经费	%	1335.63	9.00	120.21
二	间接费	%	1489.23	9.00	134.03
三	企业利润	%	1623.26	7.00	113.63
四	税金	%	1736.89	3.22	55.93
五	其他				
六	合　计				1792.81

表 1-13　水利建筑工程预算单价计算表

工程名称:渠道衬砌　　　　单价编号:500103007001　　　定额编号:30001　　　　定额单位:100m³

施工方法:人工铺筑砂石垫层

编号	名称及规格	单位	数量	单价/元	合计/元
一	直接工程费				9210.62
1	直接费				8260.64
(1)	人工费				1539.62
	工长	工时	9.9	7.11	70.34
	初级工	工时	482.9	3.04	1469.28
(2)	材料费				6721.02
	碎石	m³	102	65.24	6654.48
	其他材料费	%	1.0	6654.48	66.54
(3)	机械费				
2	其他直接费	%	8260.64	2.50	206.52
3	现场经费	%	8260.64	9.00	743.46
二	间接费	%	9210.62	9.00	828.96
三	企业利润	%	10039.57	7.00	702.77
四	税金	%	10742.34	3.22	345.90
五	其他				
六	合　计				11088.24

表 1-14　水利建筑工程预算单价计算表

工程名称:渠道衬砌　　　　单价编号:500101004001　　　定额编号:40134　　　　定额单位:100m³

施工方法:0.4m³ 搅拌机拌制 C20 混凝土

工作内容:场内配运水泥、骨料,投料、加水、加外加剂、搅拌、出料、清洗

编号	名称及规格	单位	数量	单价/元	合计/元
一	直接工程费				3814.30
1	直接费				3420.89

（续）

施工方法:0.4m³ 搅拌机拌制 C20 混凝土					
工作内容:场内配运水泥、骨料,投料、加水、加外加剂、搅拌、出料、清洗					
编号	名称及规格	单位	数量	单价/元	合计/元
（1）	人工费				1183.07
	中级工	工时	122.5	5.62	688.95
	初级工	工时	162.4	3.04	494.12
（2）	材料费				67.08
	零星材料费	%	2.0	3353.82	67.08
（3）	机械费				2170.75
	搅拌机 0.4m³	台时	18.00	38.75	697.50
	风水枪	台时	83.00	17.75	1473.25
2	其他直接费	%	3420.89	2.50	85.52
3	现场经费	%	3420.89	9.00	307.88
二	间接费	%	3814.30	9.00	343.29
三	企业利润	%	4157.58	7.00	291.03
四	税金	%	4448.61	3.22	143.25
五	其他				
六	合　计				4591.86

表 1-15　水利建筑工程预算单价计算表

工程名称:渠道衬砌　　　　单价编号:500101004001　　定额编号:40145　　定额单位:100m³

施工方法:斗车运混凝土,运距 200m					
工作内容:装、运、卸、清洗					
编号	名称及规格	单位	数量	单价/元	合计/元
一	直接工程费				685.97
1	直接费				615.22
（1）	人工费				474.65
	初级工	工时	156.0	3.04	474.65
（2）	材料费				34.82
	零星材料费	%	6.0	580.40	34.82
（3）	机械费				105.75
	胶轮车	台时	117.50	0.90	105.75
2	其他直接费	%	615.22	2.50	15.38
3	现场经费	%	615.22	9.00	55.37
二	间接费	%	685.97	9.00	61.74
三	企业利润	%	747.71	7.00	52.34
四	税金	%	800.05	3.22	25.76
五	其他				
六	合　计				825.81

表 1-16 水利建筑工程预算单价计算表

工程名称:渠道衬砌　　　　单价编号:500101004001　　定额编号:40061　　定额单位:100m³

施工方法:明渠衬砌

编号	名称及规格	单位	数量	单价/元	合计/元
一	直接工程费				37114.34
1	直接费				33286.41
(1)	人工费				3631.68
	工长	工时	24.9	7.11	176.92
	高级工	工时	41.5	6.61	274.38
	中级工	工时	332.0	5.62	1867.19
	初级工	工时	431.6	3.04	1313.19
(2)	材料费				23780.58
	混凝土 C20	m³	103	228.27	23511.58
	水	m³	180	0.19	33.55
	其他材料费	%	1.0	23545.13	235.45
(3)	机械费				1716.95
	振动器 1.1kW	台时	44.00	2.27	99.72
	风水枪	台时	44.00	32.89	1447.08
	其他机械费	%	11.00	1546.80	170.15
(4)	嵌套项				4157.20
	混凝土拌制	m³	103	34.21	3523.52
	混凝土运输	m³	103	6.15	633.68
2	其他直接费	%	33286.41	2.50	832.16
3	现场经费	%	33286.41	9.00	2995.78
二	间接费	%	37114.34	9.00	3340.29
三	企业利润	%	40454.64	7.00	2831.82
四	税金	%	43286.46	3.22	1393.82
五	其他				
六	合　计				44680.28

表 1-17 人工费汇总表

项目名称	单位	工长	高级工	中级工	初级工
基本工资标准	元/月	550.00	500.00	400.00	270.00
地区工资系数		1.0000	1.0000	1.0000	1.0000
地区津贴标准	元/月	0.00	0.00	0.00	0.00
夜餐津贴比率	%	30.00	30.00	30.00	30.00
施工津贴标准	元/天	5.30	5.30	5.30	2.65
养老保险费率	%	20.00	20.00	20.00	10.00
住房公积金费率	%	5.00	5.00	5.00	2.50
工时单价	元/时	7.11	6.61	5.62	3.04

表 1-18　施工机械台时费汇总表

序号	名称及规格	台时费	其中				
			折旧费	修理费	安拆费	人工费	动力燃料费
1	单斗挖掘机液压 1m³	209.58	35.63	25.46	2.18	15.18	131.13
2	自卸汽车 5t	133.22	22.59	13.55		7.31	89.77
3	拖拉机履带式 74kW	122.19	9.65	11.38	0.54	13.50	87.13
4	推土机 74kW	42.67	19.00	22.81	0.86		
5	蛙式夯实机 2.8kW	1.18	0.17	1.01			
6	刨毛机	10.91	5.07	5.62	0.22		
7	胶轮车	0.90	0.26	0.64			
8	振捣器插入式 1.1kW	1.54	0.32	1.22			
9	风(砂)水枪 6m³/min	0.66	0.24	0.42			
10	混凝土搅拌机 0.4m³	9.70	3.29	5.34	1.07		
11	推土机 88kW	56.85	26.72	29.07	1.06		

表 1-19　主要材料价格汇总表

编号	名称及规格	单位	单位毛重/t	每吨每公里运费/元	价格(元)(卸车费和保管费按照郑州市造价信息提供的价格计算)							
					原价	运距	卸车费	运杂费	保管费	运到工地分仓库价格/t	保险费	预算价/元
1	钢筋	t	1	0.70	4500	6	5	9.20	135.28	4509.20		4644.48
2	水泥 32.5#	t	1	0.70	330	6	5	9.20	10.18	339.20		349.38
3	水泥 42.5#	t	1	0.70	360	6	5	9.20	11.08	369.20		380.28
6	汽油	t	1	0.70	9390	6		4.20	281.83	9394.20		9676.03
7	柴油	t	1	0.70	8540	6		4.20	256.33	8544.20		8800.53
8	砂(中砂)	m³	1.55	0.70	110	6	5	14.26	3.73	124.26		127.99
9	石子(碎石)	m³	1.45	0.70	50	6	5	13.34	1.90	63.34		65.24
10	块石	m³	1.7	0.70	50	6	5	15.64	1.97	65.64		67.61

例 3　某 10m³ 蓄水池工程

　　不少印度人很早就直接从屋顶收集雨水,导入院内的蓄水池,经过一个雨季蓄满后,可以满足一年的饮水需求。直到现在,印度很多地区的农民修建房屋的时候,都会在院子里用砖头垒一个蓄水池,里面塞进不少鹅卵石和粗砂,雨水经过沙石的简单过滤就可以饮用了。屋顶有一定的坡度,便于雨水很快流下。屋檐部分有突出的沟槽,接收从屋顶流下来的水,经过导管再进入地面的蓄水池。蓄水池的井口高于地面,避免了人畜粪便的污染,池水可以满足人和动物的饮用需要。

　　目前,在河南很多地方,也开始了蓄水池的应用。如郑州市某单位蓄水池容量为 10m³,侧壁采用块石砌筑结构,底板采用钢筋混凝土,池顶附土深度 700mm,所有穿池壁管道采用 C15 混凝土现场浇筑。圆形构造,构造形式如图 1-5、图 1-6;集水坑洞口加固如图 1-7;底板配筋如

图 1-8,砌体砂浆用 M7.5,混凝土用 C25,垫层混凝土用 C15,钢筋采用 HPB235,铁件选用 Q235
钢材。池底用 1:3 的水泥砂浆找 1% 的坡度;底部集水坑混凝土用 C25,钢筋采用 HPB235,铁
件选用 Q235 钢材。上部检修孔和钢盖板结构如图 1-9、图 1-10 和图 1-11 所示,混凝土用 C25,
钢筋采用 HPB235,铁件选用 Q235 钢材。附属结构铁梯及通气孔等如图 1-10 所示,钢筋采用
HPB235,铁件选用 Q235 钢材,焊缝用 E43 型焊条焊接。试对本工程进行预算设计。

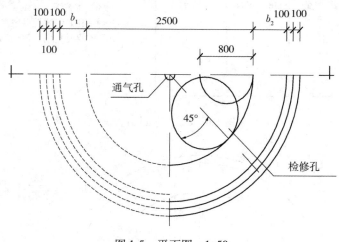

图 1-5　平面图　1:50

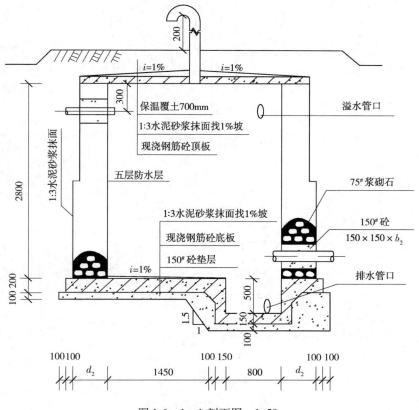

图 1-6　1-1 剖面图　1:50

池壁尺寸表

	简　图	b_1	b_2	h_1	h_2	材料用量/m³
						浆砌石
毛石砌体		400	500	1400	1400	11.7

说明：1.材料及标号：毛石≥200号，水泥砂浆M7.5，
钢筋砼C25，垫层砼C15，钢筋HPB235。
2.检修孔、通气孔、进出水管尺寸及具体位置
详见工艺图。
3.池底用1：3水泥砂浆找1%坡，坡向集水坑。
4.所有穿池壁的管道用C15砼现场浇筑。

图1-6　1－1剖面图（续）

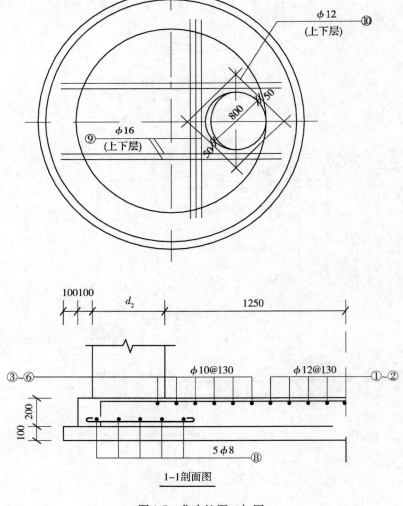

图1-7　集水坑洞口加固

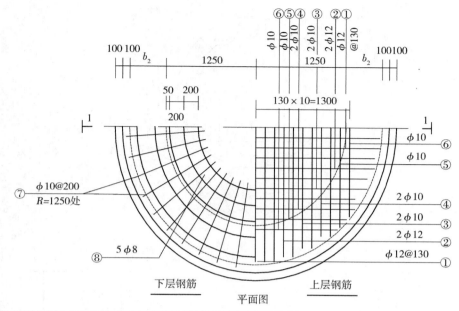

下层钢筋　　上层钢筋

平面图

编号	型式与尺寸	直径/mm	每根长/mm	数量/根	总长/m	直径/mm	全长/m	重量/kg
	钢 筋 明 细 表					**构件材料表**		
1	150　3100	φ12	3400	10	34	φ8	39	15
2	150　2900	φ12	3200	8	26	φ10	109	67
3	150　2700	φ10	3000	8	24	φ12	73	65
4	150　2400	φ10	2700	8	22	φ16	46	73
5	150　2100	φ10	2400	4	10	钢筋总重		220
6	150　1800	φ10	2100	4	8	砼用量/m³		
7	65　1000	φ10	1130	40	45		200#	150#
8	240　50　D=1600~3100	φ8	平均 7720	5	39	毛石砌池壁	2.1	1.2
9	100　3100	φ16	3300	14	46			
10	75　1500	φ12	1650	8	13			

说明：1.钢筋净保护层35mm；

　　　2.底板集水坑位置详见总图；

　　　3.上下层主筋在集水坑处切断。

图1-8　底板配筋图

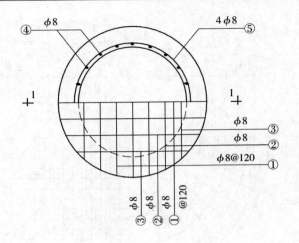

平面图

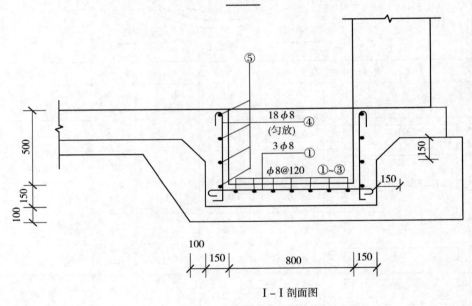

I－I 剖面图

图 1-8　底板配筋图(续)

【解】　一、清单工程量

（一）土石方工程量

1. 柱坑(如图 1-5、图 1-6)挖方

本工程为全埋式地下蓄水池,柱坑挖方计算式如下:

$$V_1 = \pi D^2 H / 4$$

【注释】　V_1——柱坑挖方体积(m^3);

　　　　　D——柱坑底部直径(m);

　　　　　H——柱坑深度(m)。

依据上式可计算柱坑挖方工程量:

清单工程量 $= 3.14 \times 3.9 \times 3.9 \times 3.9 \div 4 m^3 = 46.56 m^3$

钢　筋　明　细　表						构件材料表		
编号	形式与尺寸	直径/mm	每根长/mm	数量/m	总长/m	直径/mm	全长/mm	重量/kg
1	⊏ 1000 ⊐ 50 50	φ8	1100	6	7	φ6	72	3
2	⊏ 900 ⊐ 50 50	φ8	1100	2	2	φ8	25	10
3	⊏ 750 ⊐ 50 50	φ8	850	2	2	钢筋总重		13
4	100 ⌐ 600 ⌐ 50	φ8	750	18	14	砼用量/m³		
5	180 (40 40) d=900	φ6	3087	4	12	200#	100#	
						0.3	0.6	

说明：1.材料：混凝土C25，钢筋HPB235；
　　　2.钢筋净保护层35mm；
　　　3.集水坑位置详见工艺图。

图 1-8　底板配筋图（续）

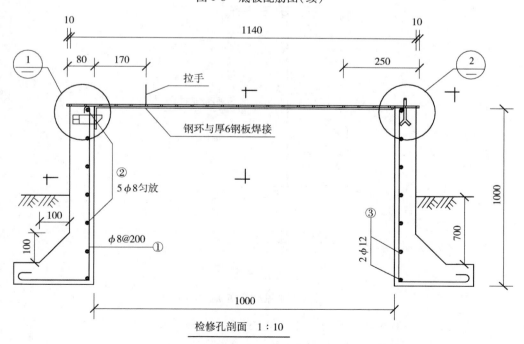

检修孔剖面　1:10

图 1-9　上部检修孔和钢盖板结构图

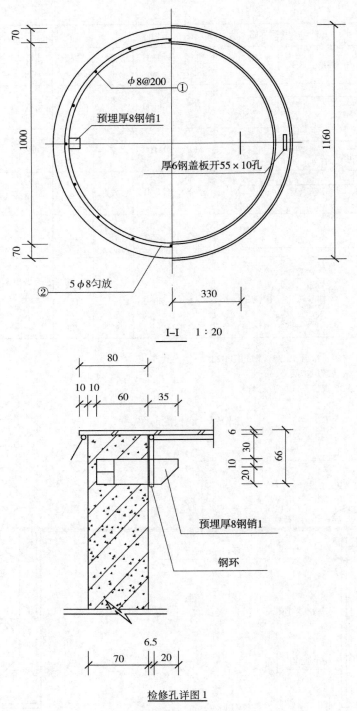

检修孔详图1

图1-9　上部检修孔和钢盖板结构图(续)

【注释】　3.9——柱坑挖土方开挖平均直径(第一个和第二个3.9);

　　　　　　3.9——柱坑开挖平均深度(第三个3.9);

　　　　　　4——计算系数。

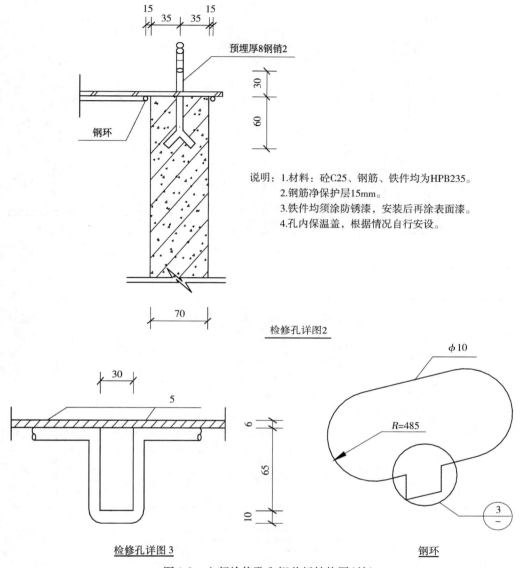

检修孔详图2

检修孔详图3　　　　　　　　钢环

图1-9　上部检修孔和钢盖板结构图(续)

2. 柱坑(如图1-6)填方

本工程为全埋式地下蓄水池,工程进行过程中柱坑填方计算式如下:

$$V_2 = V_1 - \sum \pi D_i^2 H_i / 4 + \pi D^2 \times 0.7 / 4$$

【注释】　D_i——蓄水池外轮廓直径;

　　　　　V_2——柱坑的填方体积;

　　　　　V_1——柱坑挖方体积;

　　　　　D——柱坑底部直径;

　　　0.7——填土厚度;

　　　　4——计算系数;

　　　　H_i——对应 D_i 的蓄水池深度。

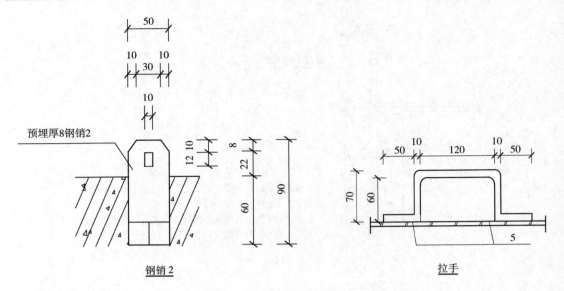

钢销2   拉手

钢筋及材料表

池顶复土厚度	编号	简 图	直径/mm	长度/mm	数量/根	总长/m	钢筋用量			砼用量/m³
							直径/mm	总长/m	数量/根	
700	1	50 200 50 950	φ8	1250	16	20	φ8	39	16	0.2
	2	50 240 D=1080	φ8	3730	5	19	φ12	19	17	
	3	75 360 D=1080	φ12	3900	2	8	总重	33 Kg		

金属材料表

编号	构件名称	材料规格		数量/kg	总长/m	总重量(52.56kg)	
		截面/mm	长度/mm			单位重/(kg/m)	重量/kg
1	钢盖板	δ=6		1			49.7
2	钢环	φ10	3210	1	3.21	0.62	1.99
3	拉手	φ10	340	2	0.68	0.62	0.42
4	钢销1	30×8	95	1			0.17
5	钢销2	50×8	90	1			0.28

图 1-9　上部检修孔和钢盖板结构图(续)

依据上式,可计算出本柱坑填土工程量

清单工程量 $= 3.14 \times 3.9 \times 3.9 \times 0.7 \div 4 \, \text{m}^3 = 8.36 \, \text{m}^3$

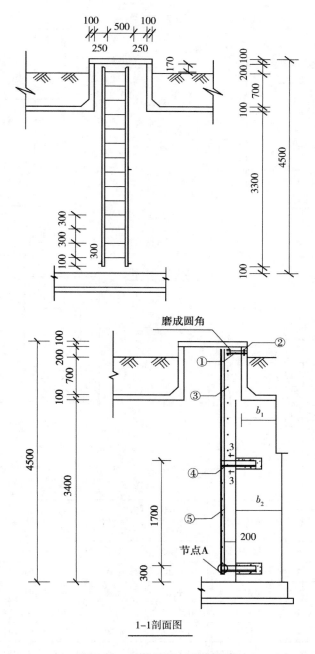

图 1-10 铁梯及通气孔大样图

【注释】   3.9——柱坑填方平均直径；

         0.7——填土厚度；

         4——计算系数。

（二）砌筑工程

柱坑砖石砌筑（如图 1-6）：为保证蓄水池侧壁与周围土体紧密接触，在浇筑完垫层以及底板之后需要在圆周进行砖石砌筑。

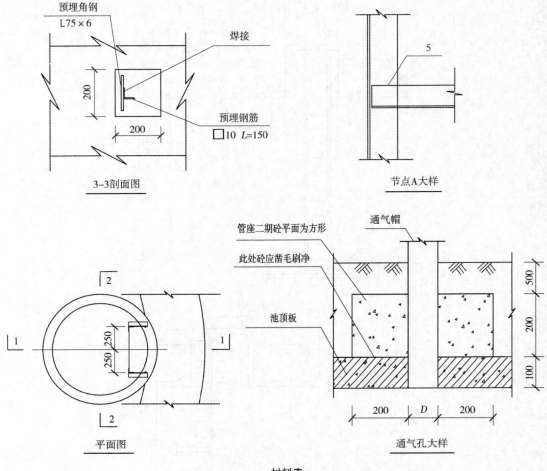

材料表

池顶覆土厚度	编号	构件名称	材料规格		数量/块	总长/m	重量/kg	总重/kg
			截面	长度/L				
700	1	预埋角钢	L50×5	300	2	0.6	2	66
	2	预埋钢筋	ϕ10	150	6	0.6	1	
	3	踏棍	ϕ20	480	14	0.6	17	
	4	预埋角钢	L50×5	600	4	0.6	9	
	5	梯架	L50×6	4100	2	8.2	37	

说明：1.材料：钢梯及其他附属件所用钢材均为HPB235，焊缝用T420焊条焊接。
　　　 2.铁件均须涂防锈漆，安装后再涂表面漆。

图 1-10　铁梯及通气孔大样图(续)

工程实际砌筑材料选用块石：

清单工程量 $= AH = 6.04 \times 2.8\text{m}^3 = 16.91\text{m}^3$

【注释】　A——砌筑体底部断面面积即 6.04m^2；

　　　　　H——砌筑体高度，即蓄水池深度 2.8m。

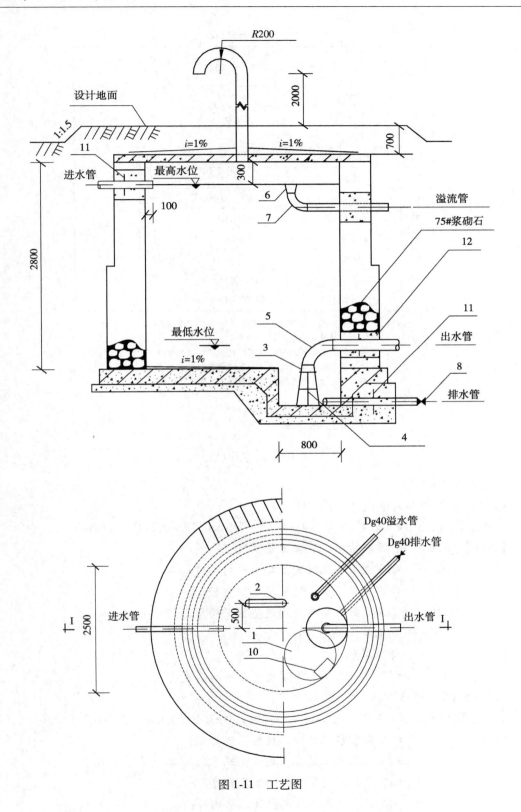

图 1-11   工艺图

设备材料表

编号	名　称	规　格	单位	数量	备注
1	检修孔	$D=1000$	个	1	
2	通气帽	Dg50	个	1	
3	喇叭口		个	1	
4	喇叭口支座		个	1	
5	弯头		个	1	
6	喇叭口	Dg100×Dg40	个	1	
7	弯头	Dg40×90	个	1	
8	球阀	Dg40	个	1	
9	铁梯		座	1	
10	防水翼环	C15砼厚150mm	个	1	
11	防水翼环	C15砼厚150mm	个	3	

说明：1.本池有砖砌、石砌两种，选用人可根据当地材料供应情况选用。

2.各种管道、闸阀的平面位置、高程、管径及数量可按实际情况自行变动，地下闸阀需砌闸井。

3.集水坑位置、大小和数量可根据工艺要求自行确定。

4.所有穿池壁的管道用C20砼现场浇筑。

5.池顶覆土深度700mm。

图1-11　工艺图（续）

1.底板工程量

（1）垫层（如图1-6）混凝土采用C15

清单工程量＝$3.14×3.9^2×0.1÷4+3.14×1.3×0.15×0.7\text{m}^3=1.62\text{m}^3$

【注释】3.9——C15圆蓄水池混凝土垫层直径；

0.1——C15圆蓄水池混凝土垫层平均厚度；

1.3——C15混凝土集水坑周边垫层直径；

0.15——C15混凝土集水坑周边垫层平均厚度；

3.14——圆周率π取3.14；

4——计算系数；

0.7——C15混凝土集水坑周边垫层平均高度。

（2）底板（如图1-6）混凝土采用C25

清单工程量＝$3.14×3.7^2×0.2÷4+3.14×1.1×0.2×0.6\text{m}^3=2.56\text{m}^3$

【注释】3.7——C25圆蓄水池混凝土底板浇筑直径；

0.2——C25圆蓄水池混凝土底板浇筑平均厚度；

1.1——C25混凝土圆集水坑侧壁浇筑直径；

0.2——C25混凝土集水坑侧壁浇筑平均厚度；

　　　3.14——圆周率 π 取 3.14;

　　　　4——计算系数;

　　0.6——C25 混凝土集水坑侧壁浇筑平均高度。

(3)C25 预制钢筋混凝土顶盖(如图 1-6)

清单工程量 $= 3.14 \times 3.3 \times 3.3 \times 0.1 \div 4 - 3.14 \times 1 \times 1 \times 0.1 \div 4 + 1.1 \times 3.14 \times 1 \times 0.1 \text{m}^3$

　　　　　　 $= 1.12 \text{m}^3$

【注释】 3.3——预制混凝土顶盖直径;

　　　　0.1——预制混凝土顶盖厚度;

　　　　1——顶盖预留检修孔直径;

　　　　1.1——检修孔孔口直径;

　　　　3.14——圆周率 π 取 3.14;

　　　　4——计算系数;

　　　　0.1——检修孔孔壁厚度。

2. 钢筋工程

(1)钢筋混凝土底板

由图 1 中所附钢筋表计算可得:

a. ϕ16 钢筋的重量:73kg

b. ϕ12 钢筋的重量:65kg

c. ϕ10 钢筋的重量:67kg

d. ϕ8 钢筋的重量:15 + 10kg = 25kg

e. ϕ6 钢筋的重量:3kg

钢筋混凝土底板所用钢材总重量为:(73 + 65 + 67 + 25 + 3)kg = 233kg

(2)铁梯及附属结构

由图中所附材料表计算可得:

a. ϕ20 钢筋的重量:17kg

b. ϕ10 钢筋的重量:1kg

c. L50 × 5 角钢的重量:2 + 9kg = 11kg

d. L50 × 6 角钢的重量:37kg

铁梯及附属结构所用钢材总重量为:(17 + 1 + 11 + 37)kg = 66kg

(3)检修孔顶盖采用直径 1140mm、厚 6mm 的钢板焊接两个直径为 100mm 的金属圆环。

清单工程量 $= 3.14 \times 1.14 \times 1.14/4 \times 0.006 \times 7850 \times 1.05 \text{kg} = 50 \text{kg}$

【注释】 1.14——检修孔顶盖的直径;

　　　　0.006——钢板的厚度;

　　　　3.14——圆周率 π 取 3.14。

本工程所用钢材总重量为:(233 + 66 + 50)kg = 349kg = 0.349t

清单工程量计算表该除险加固工程中建筑及安装工程清单工程量计算表见表 1-20。

表1-20　工程量清单计算表

序号	项目编码	项目名称	计量单位	工程量
1		建筑工程		
1.1		土方工程		
1.1.1	500101005001	柱坑挖土工程	m³	46.56
1.1.2	500103005001	反滤料填筑	m³	8.36
1.2		砌筑工程		
1.2.1	500105003001	块石砌筑	m³	16.91
1.3		混凝土工程		
1.3.1	500109001001	C15 混凝土垫层	m³	1.62
1.3.2	500109001002	C25 混凝土底板	m³	2.56
1.3.3	500109005001	预制钢筋混凝土顶盖	m³	1.12
1.4		钢筋、钢构件加工及安装工程		
1.4.1	500111001001	钢筋加工及安装	t	0.349

表1-21　分类分项工程量清单计价表

序号	项目编码	项目名称	计量单位	工程量	单价/元	合价/元
1		建筑工程				
1.1		土方工程				
1.1.1	500101005001	柱坑挖土工程	m³	46.56	1406.01	654.64
1.1.2	500103005001	反滤料填筑	m³	8.36	840.82	70.29
1.2		砌筑工程				
1.2.1	500105003001	块石砌筑	m³	16.91	25554.99	4321.35
1.3		混凝土工程				
1.3.1	500109001001	C15 混凝土垫层	m³	1.62	40105.41	649.71
1.3.2	500109001002	C25 混凝土底板	m³	2.56	43191.87	1105.71
1.3.3	500109005001	预制钢筋混凝土顶盖	m³	1.12	48044.13	538.09
1.4		钢筋、钢构件加工及安装工程				
1.4.1	500111001001	钢筋加工及安装	t	0.349	7689.86	2683.76

注：此处的单价指的计量单位为每 100m³ 的价格。

二、定额工程量（套用《水利建筑工程预算定额》中华人民共和国水利部 2002 年）

（一）土方工程

1. 人工挖倒柱坑土方Ⅲ类土

定额工程量 $= 3.14 \times (3.9 + 0.4) \times (3.9 + 0.4) \times 3.9 \div 4 + 3.14 \times 2 \times 2 \times 0.5 \div 4 m^3$

　　　　　　　 $= 58.18 m^3 = 0.58 (100 m^3)$

【注释】　（3.9 + 0.4）——柱坑挖土方开挖平均直径（两边各预留 0.2m 的工作面）；

　　　　　　　3.9——柱坑开挖平均深度；

　　　　　　　4——计算系数；

　　　　　　　2——集水坑周边直径；

　　　　　　　3.14——圆周率 π 取 3.14。

上口面积 10～20m²，深度 3～4m。

工作内容:挖土、修底,将土倒运至坑边 0.5m 以外。

套用定额编号 10083,定额单位:100m³。

2. 柱坑填土工程(反滤料填筑,建筑物回填土石)

定额工程量 $= 58.18 - \sum \pi D_i^2 \cdot H_i / 4 + 3.14 \times 3.9^2 \times 0.7 \div 4\,m^3$

　　　　　　 $= 19.98m^3 = 0.20(100m^3)$

【注释】　D_i——蓄水池外轮廓直径;

　　　　　　H_i——对应 D_i 的蓄水池深度。

其中 $\sum \pi D_i^2 \cdot H_i / 4$ 利用概化计算方法计算得到:

$\sum \pi D_i^2 \cdot H_i / 4 = 3.14 \times 3.9^2 \times 3.9 \div 4\,m^3 = 46.56m^3$

5m 以内取土回填。

套用定额编号 10464,定额单位:100m³ 实方。

3. 砌筑工程

砖石砌筑工程(浆砌块石)

定额工程量 $= 6.04 \times 2.8\,m^3 = 16.91m^3 = 0.17(100m^3)$

选石、修石、冲洗、拌浆、砌石、勾缝。

套用定额编号 30021,定额单位:100m³。

4. 混凝土工程

(1)垫层混凝土采用 C15,工程量为:

定额工程量 $= 3.14 \times 3.9^2 \times 0.1 \div 4 + 3.14 \times 1.3 \times 0.15 \times 0.7\,m^3$

　　　　　　 $= 1.62m^3 = 0.02(100m^3)$

【注释】　3.9——C15 圆蓄水池混凝土垫层直径;

　　　　　0.1——C15 圆蓄水池混凝土垫层平均厚度;

　　　　　1.3——C15 混凝土集水坑周边垫层直径;

　　　　　0.15——C15 混凝土集水坑周边垫层平均厚度;

　　　　　3.14——圆周率 π 取 3.14;

　　　　　　4——计算系数;

　　　　　0.7——C15 混凝土集水坑周边垫层平均高度。

套用定额编号 40099,定额单位:100m³。

①0.4m³ 搅拌机拌制混凝土

定额工程量 $= 1.62m^3 = 0.02(100m^3)$

套用定额 40134,定额单位:100m³。

②胶轮车运混凝土

定额工程量 $= 1.62m^3 = 0.02(100m^3)$

套用定额编号 40143,定额单位:100m³。

(2)底板混凝土采用 C25,工程量为:

定额工程量 $= 3.14 \times 3.7^2 \times 0.2 \div 4 + 3.14 \times 1.1 \times 0.2 \times 0.6\,m^3$

　　　　　　 $= 2.56m^3 = 0.03(100m^3)$

【注释】　3.7——C25 圆蓄水池混凝土底板浇筑直径;

　　　　　0.2——C25 圆蓄水池混凝土底板浇筑平均厚度;

       1.1——C25 混凝土圆集水坑侧壁浇筑直径；

       0.2——C25 混凝土集水坑侧壁浇筑平均厚度；

      3.14——圆周率 π 取 3.14；

         4——计算系数；

       0.6——C25 混凝土集水坑侧壁浇筑平均高度。

套用定额编号编号 40058，定额单位：$100m^3$。

①0.4m^3 搅拌机拌制混凝土

定额工程量 = 2.56m^3 = 0.03（$100m^3$）

套用定额 40134，定额单位：$100m^3$。

②胶轮车运混凝土

定额工程量 = 2.56m^3 = 0.03（$100m^3$）

套用定额编号 40143，定额单位：$100m^3$。

（3）C25 预制钢筋混凝土顶盖，工程量为：

定额工程量 = $3.14 \times 3.3 \times 3.3 \times 0.1 \div 4 - 3.14 \times 1 \times 1 \times 0.1 \div 4 + 1.1 \times 3.14 \times 1 \times 0.1 m^3$

             = 1.12m^3 = 0.01（$100m^3$）

【注释】 3.3——预制混凝土顶盖直径；

       0.1——预制混凝土顶盖厚度；

         1——顶盖预留检修孔直径；

       1.1——检修孔孔口直径；

      3.14——圆周率 π 取 3.14；

         4——计算系数；

       0.1——检修孔孔壁厚度。

套用定额编号 40111，定额单位：$100m^3$。

胶轮车运混凝土预制板：

定额工程量 = 1.12m^3 = 0.01（$100m^3$）

套用定额编号 40224，定额单位：$100m^3$。

5. 钢筋加工及安装

钢筋制作及安装：

定额工程量 = 73 + 65 + 67 + 25 + 3 + 66 + 50kg = 349kg = 0.349t

套用定额编号 40289，定额单位：1t。

表 1-22　工程单价汇总表

序号	项目编码	项目名称	计量单位	人工费	材料费	机械费	施工管理费和利润	税金
1		建筑工程						
1.1		土方工程						
1.1.1	500101005001	柱坑挖土工程	$100m^3$	1120.49	22.41	0.00	211.92	51.19
1.1.2	500103005001	反滤料填筑	$100m^3$	595.83	29.80	0.00	187.95	27.24
1.2		砌筑工程						
1.2.1	500105003001	块石砌筑	$100m^3$	3381.83	15403.36	241.99	5716.23	811.58

（续）

序号	项目编码	项目名称	计量单位	人工费	材料费	机械费	施工管理费和利润	税金
1.3		混凝土工程						
1.3.1	500109001001	C15 混凝土垫层	100m³	3107.87	22502.76	4217.33	9003.77	1273.68
1.3.2	500109001002	C25 混凝土底板	100m³	3849.94	24450.3	3825.77	9694.16	1371.70
1.3.3	500109005001	预制钢筋混凝土顶盖	100m³	9546.49	25191.27	1033.89	10746.68	1525.80
1.4		钢筋、钢构件加工及安装工程						
1.4.1	500111001001	钢筋加工及安装	t	550.65	4854.36	320.54	1720.09	244.22

注：税金费率为3.28%。

表 1-23　工程量清单综合单价分析

工程名称：某 10m³ 蓄水池工程　　　　　　　　　　　　　　　　第1页　共7页

项目编码	500101005001		项目名称	人工挖倒柱坑土方Ⅲ类土		计量单位		m³

清单综合单价组成明细

定额编号	定额名称	定额单位	数量	单 价				合 价			
				人工费	材料费	机械费	管理费和利润	人工费	材料费	机械费	管理费和利润
10083	人工挖倒柱坑土方	100m³	58.18/46.56=1.25	896.39	17.93	0.00	169.54	1120.49	22.41	0.00	211.92
	人工单价		小　计					1120.49	22.41	0.00	211.92

3.04 元/工时(初级工)			
7.11 元/工时(工长)	未计材料费		—

清单项目综合单价　　　　　　　　　　1354.82/100=13.55

主要材料名称、规格、型号	单位	数量	单价/元	合价/元	暂估单价/元	暂估合价/元
其他材料费			—	22.41	—	—
材料费小计			—	22.41	—	—

材料费明细

表 1-24　工程量清单综合单价分析

工程名称：某 10m³ 蓄水池工程　　　　　　　　　　　　　　　　　　第 2 页　共 7 页

项目编码	500103005001	项目名称	反滤料填筑	计量单位	m³

清单综合单价组成明细

定额编号	定额名称	定额单位	数量	单价				合价			
				人工费	材料费	机械费	管理费和利润	人工费	材料费	机械费	管理费和利润
10464	建筑物回填土石	100m³	19.98/8.36 =2.39	249.30	12.47	0.00	78.64	595.83	29.80	0.00	187.95
	人工单价			小　计				595.83	29.80	0.00	187.95

3.04 元/工时(初级工) 7.11 元/工时(工长)	未计材料费	—

清单项目综合单价	813.58/100 = 8.14

材料费明细	主要材料名称、规格、型号	单位	数量	单价/元	合价/元	暂估单价/元	暂估合价/元
	其他材料费			—	30.43	—	
	材料费小计			—	30.43		

表 1-25　工程量清单综合单价分析

工程名称：某 10m³ 蓄水池工程　　　　　　　　　　　　　　　　　　第 3 页　共 7 页

项目编码	500105003001	项目名称	浆砌石挡墙砌筑工程	计量单位	m³

清单综合单价组成明细

定额编号	定额名称	定额单位	数量	单价				合价			
				人工费	材料费	机械费	管理费和利润	人工费	材料费	机械费	管理费和利润
30021	浆砌块石	100m³	16.91/16.91 =1	3381.83	15403.36	241.99	5716.23	3381.83	15403.36	241.99	5716.23
	人工单价			小　计				3381.83	15403.36	241.99	5716.23

3.04 元/工时(初级工) 5.62 元/工时(中级工) 7.11 元/工时(工长)	未计材料费	—

清单项目综合单价	24743.41/100 = 247.43

材料费明细	主要材料名称、规格、型号	单位	数量	单价/元	合价/元	暂估单价/元	暂估合价/元
	块石	m³	108	67.61	7301.88		
	砂浆	m³	34.4	233.28	8024.83		
	其他材料费			—	76.63	—	
	材料费小计			—	15403.36		

表 1-26　工程量清单综合单价分析

工程名称:某 10m³ 蓄水池工程

项目编码	500109001001		项目名称		C15 素混凝土垫层			计量单位		m³	
清单综合单价组成明细											
定额编号	定额名称	定额单位	数量	单价				合价			
				人工费	材料费	机械费	管理费和利润	人工费	材料费	机械费	管理费和利润
40134	搅拌机拌制混凝土	100m³	1.62/1.62 = 1	1183.07	87.19	3176.47		1183.07	87.19	3176.47	
40143	自卸汽车运混凝土	100m³	1.62/1.62 = 1	226.37	16.61	50.4		226.37	16.61	50.4	
40099	其他混凝土	100m³	1.62/1.62 = 1	1698.43	22398.96	990.46	9003.77	1698.43	22398.96	990.46	9003.77
人工单价			小　计					3107.87	22502.76	4217.33	9003.77
3.04 元/工时(初级工) 5.62 元/工时(中级工) 6.61 元/工时(高级工) 7.11 元/工时(工长)			未计材料费					—			
清单项目综合单价								38831.73/100 = 388.32			
材料费明细	主要材料名称、规格、型号				单位	数量	单价/元	合价/元	暂估单价/元	暂估合价/元	
	混凝土 C15				m³	103	212.98	21936.94			
	水				m³	120	0.19	22.80			
	其他材料费						—	546.14	—		
	材料费小计						—	22505.88	—		

表 1-27　工程量清单综合单价分析

工程名称:某 10m³ 蓄水池工程

项目编码	500109001002		项目名称		C25 混凝土底板			计量单位		m³	
清单综合单价组成明细											
定额编号	定额名称	定额单位	数量	单价				合价			
				人工费	材料费	机械费	管理费和利润	人工费	材料费	机械费	管理费和利润
40134	搅拌机拌制混凝土	100m³	2.56/2.56 = 1	1183.07	87.19	3176.47		1183.07	87.19	3176.47	
40143	自卸汽车运混凝土	100m³	2.56/2.56 = 1	226.37	16.61	50.4		226.37	16.61	50.4	
40058	底板	100m³	2.56/2.56 = 1	2440.5	24346.5	598.9	9694.16	2440.50	24346.50	598.90	9694.16
人工单价			小　计					3849.94	24450.3	3825.77	9694.16
3.04 元/工时(初级工) 5.62 元/工时(中级工) 6.61 元/工时(高级工) 7.11 元/工时(工长)			未计材料费					—			

（续）

	清单项目综合单价				41820.17/100 = 418.20			
材料费明细	主要材料名称、规格、型号	单位	数量	单价/元	合价/元	暂估单价/元	暂估合价/元	
	混凝土 C25	m³	103	234.98	24202.94			
	水	m³	120	0.19	22.80			
	其他材料费			—	227.68	—		
	材料费小计			—	24453.42			

表 1-28　工程量清单综合单价分析

工程名称：某 10m³ 蓄水池工程 　　　　　　　　　　　　　　　　　　　　　第 6 页　共 7 页

项目编码	500109005001		项目名称		预制钢筋混凝土顶盖		计量单位		m³

清单综合单价组成明细

定额编号	定额名称	定额单位	数量	单　价				合　价			
				人工费	材料费	机械费	管理费和利润	人工费	材料费	机械费	管理费和利润
40224	胶轮车运混凝土预制板	100m³	100/100 = 1	8778.84	25153.72	862.89	10453.41	8778.84	25153.72	862.89	10453.41
40111	顶盖	100m³	1.12/1.12 = 1	767.65	37.55	171	293.27	767.65	37.55	171.00	293.27
人工单价		小　计						9546.49	25191.27	1033.89	10746.68
3.04 元/工时（初级工） 5.62 元/工时（中级工） 6.61 元/工时（高级工） 7.11 元/工时（工长）		未计材料费						—			

	清单项目综合单价				46518.33/100 = 465.18			
材料费明细	主要材料名称、规格、型号	单位	数量	单价/元	合价/元	暂估单价/元	暂估合价/元	
	专用钢模板	kg	116.41	6.50	756.67			
	铁件	kg	24.59	5.50	135.25			
	混凝土 C25	m³	102	234.98	23967.96			
	水	m³	240	0.19	45.60			
	其他材料费			—	249.05			
	材料费小计			—	25191.27			

表 1-29　工程量清单综合单价分析

工程名称：某 10m³ 蓄水池工程 　　　　　　　　　　　　　　　　　　　　　第 7 页　共 7 页

项目编码	500111001001		项目名称		钢筋加工及安装		计量单位		t

清单综合单价组成明细

定额编号	定额名称	定额单位	数量	单　价				合　价			
				人工费	材料费	机械费	管理费和利润	人工费	材料费	机械费	管理费和利润
40289	钢筋制作与安装	1t	349/349 = 1	550.65	4854.36	320.54	1720.09	550.65	4854.36	320.54	1720.09

（续）

人工单价		小　计		550.65	4854.36	320.54	1720.09
3.04 元/工时（初级工） 5.62 元/工时（中级工） 6.61 元/工时（中级工） 7.11 元/工时（工长）		未计材料费		—			
清单项目综合单价				7445.64			

材料费明细	主要材料名称、规格、型号	单位	数量	单价/元	合价/元	暂估单价/元	暂估合价/元
	钢筋	t	1.02	4644.48	4737.37		
	铁丝	kg	4.00	5.50	22.00		
	电焊条	kg	7.22	6.50	46.93		
	其他材料费			—	48.06	—	
	材料费小计			—	4854.36	—	

表1-30　水利建筑工程预算单价计算表

工程名称：人工挖倒柱坑土方Ⅲ类土

人工挖倒柱坑土方					
定额编号	水利部：10083		单价号	500101005001	单位：100m³

工作内容：挖土、修底，将土倒运至坑边0.5m以外

编号	名称及规格	单位	数量	单价/元	合计/元
一	直接工程费				1019.46
1	直接费				914.31
（1）	人工费				896.39
	工长	工时	5.7	7.11	40.50
	初级工	工时	281.3	3.04	855.89
（2）	材料费				17.93
	零星材料费	%	2	896.39	17.93
（3）	机械费				0.00
2	其他直接费		914.31	2.50%	22.86
3	现场经费		914.31	9.00%	82.29
二	间接费		1019.46	9.00%	91.75
三	企业利润		1111.21	7.00%	77.78
四	税金		1189.00	3.284%	39.05
五	其他				
六	合　计				1228.04

表1-31　水利建筑工程预算单价计算表

工程名称：柱坑填土工程

建筑物回填土石					
定额编号	水利部：10464		单价号	500103005001	单位：100m³ 实方
编号	名称及规格	单位	数量	单价/元	合计/元
一	直接工程费				291.87

（续）

编号	名称及规格	单 位	数 量	单价/元	合计/元
1	直接费				261.77
(1)	人工费				249.30
	工长	工时	1.6	7.11	11.37
	初级工	工时	78.2	3.04	237.93
(2)	材料费				12.47
	零星材料费	%	5	249.30	12.47
(3)	机械费				0.00
2	其他直接费	261.77		2.50%	6.54
3	现场经费	261.77		9.00%	23.56
二	间接费	291.87		9.00%	26.27
三	企业利润	318.14		7.00%	22.27
四	税金	340.41		3.284%	11.18
五	其他				
六	合　计				351.59

表 1-32　水利建筑工程预算单价计算表

工程名称：浆砌石挡墙砌筑工程

浆砌块石					
定额编号	水利部:30021		单价号	500105003001	单位:100m³

工作内容：选石、修石、冲洗、拌浆、砌石、勾缝

编号	名称及规格	单 位	数 量	单价/元	合计/元
一	直接工程费				21215.30
1	直接费				19027.18
(1)	人工费				3381.83
	工长	工时	16.2	7.11	115.10
	中级工	工时	329.5	5.62	1853.13
	初级工	工时	464.6	3.04	1413.60
(2)	材料费				15403.36
	块石	m³	108	67.61	7301.79
	砂浆	m³	34.4	233.28	8024.93
	其他材料费	%	0.5	15326.72	76.63
(3)	机械费				241.99
	砂浆搅拌机0.4m³	台时	6.19	16.34	101.15
	胶轮车	台时	156.49	0.90	140.84
2	其他直接费	19027.18		2.50%	475.68
3	现场经费	19027.18		9.00%	1712.45
二	间接费	21215.30		9.00%	1909.38
三	企业利润	23124.68		7.00%	1618.73
四	税金	24743.41		3.284%	812.57
五	其他				
六	合　计				25555.98

表 1-33 水利建筑工程预算单价计算表

工程名称：**C15 素混凝土垫层其他混凝土**

					其他混凝土	
定额编号		水利部：40099	单价号	500109001001	单位：100m³	
适用范围：基础 排架基础、一般设备基础等						
编号	名称及规格	单 位	数 量	单价/元	合计/元	
一	直接工程费				33416.73	
1	直接费				29970.16	
(1)	人工费				1698.43	
	工长	工时	10.9	7.11	77.45	
	高级工	工时	18.1	6.61	119.67	
	中级工	工时	188.5	5.62	1060.14	
	初级工	工时	145.0	3.04	441.18	
(2)	材料费				22398.96	
	混凝土 C15	m³	103	212.98	21937.39	
	水	m³	120	0.19	22.37	
	其他材料费	%	2.0	21959.76	439.20	
(3)	机械费				990.46	
	振动器 1.1kW	台时	20.00	2.27	45.33	
	风水枪	台时	26.00	32.89	855.10	
	其他机械费	%	10.00	900.42	90.04	
(4)	嵌套项				4882.31	
	混凝土拌制	m³	103	44.47	4580.13	
	混凝土运输	m³	103	2.93	302.18	
2	其他直接费		29970.16	2.50%	749.25	
3	现场经费		29970.16	9.00%	2697.31	
二	间接费		33416.73	9.00%	3007.51	
三	企业利润		36424.23	7.00%	2549.70	
四	税金		38973.93	3.284%	1279.90	
五	其他					
六	合 计				40253.83	

表 1-34 水利建筑工程预算单价计算表

工程名称：**C15 素混凝土垫层搅拌机拌制混凝土**

定额编号		水利部：40134	单价号	500109001001	单位：100m³	
工作内容：场内配运水泥、骨料、投料、加水、加外加剂、搅拌、出料、清洗						
编号	名称及规格	单 位	数 量	单价/元	合计/元	
一	直接工程费				4958.10	
1	直接费				4446.73	
(1)	人工费				1183.07	
	中级工	工时	122.5	5.62	688.95	
	初级工	工时	162.4	3.04	494.12	
(2)	材料费				87.19	

（续）

编号	名称及规格	单 位	数 量	单价/元	合计/元
	零星材料费	%	2.0	4359.54	87.19
（3）	机械费				3176.47
	搅拌机0.4m³	台时	18.00	24.82	446.74
	风水枪	台时	83.00	32.89	2729.73
2	其他直接费		4446.73	2.50%	111.17
3	现场经费		4446.73	9.00%	400.21
二	间接费		4958.10	9.00%	446.23
三	企业利润		5404.33	7.00%	378.30
四	税金		5782.63	3.284%	189.90
五	其他				
六	合　计				5972.54

表1-35　水利建筑工程预算单价计算表

工程名称：C15素混凝土垫层自卸汽车运混凝土

定额编号	水利部：40143	单价号	500109001001	单位：100m³	

适用范围：配合搅拌楼或设有贮料箱装车

工作内容：装车、运输、卸料、空回、清洗

编号	名称及规格	单 位	数 量	单价/元	合计/元
一	直接工程费				327.11
1	直接费				293.38
（1）	人工费				226.37
	初级工	工时	74.4	3.04	226.37
（2）	材料费				16.61
	零星材料费	%	6	276.77	16.61
（3）	机械费				50.40
	胶轮车	台时	56.00	0.90	50.40
2	其他直接费		293.38	2.50%	7.33
3	现场经费		293.38	9.00%	26.40
二	间接费		327.11	9.00%	29.44
三	企业利润		356.55	7.00%	24.96
四	税金		381.51	3.284%	12.53
五	其他				
六	合　计				394.04

表1-36　水利建筑工程预算单价计算表

工程名称：C25混凝土底板

底　板					
定额编号	水利部：40058	单价号	500109001002	单位：100m³	

适用范围：溢流堰、护坦、铺盖、阻滑板、闸底板、趾板等

编号	名称及规格	单 位	数 量	单价/元	合计/元
一	直接工程费				35979.06

（续）

编号	名称及规格	单 位	数 量	单价/元	合计/元
1	直接费				32268.21
（1）	人工费				2440.50
	工长	工时	15.6	7.11	110.84
	高级工	工时	20.9	6.61	138.18
	中级工	工时	276.7	5.62	1556.18
	初级工	工时	208.8	3.04	635.30
（2）	材料费				24346.50
	混凝土 C25	m³	103	234.98	24203.01
	水	m³	120	0.19	22.37
	其他材料费	%	0.5	24225.38	121.13
（3）	机械费				598.90
	振动器 1.1kW	台时	40.05	2.27	90.77
	风水枪	台时	14.92	32.89	490.69
	其他机械费	%	3	581.46	17.44
（4）	嵌套项				4882.31
	混凝土拌制	m³	103	44.47	4580.13
	混凝土运输	m³	103	2.93	302.18
2	其他直接费	32268.21		2.50%	806.71
3	现场经费	32268.21		9.00%	2904.14
二	间接费	35979.06		9.00%	3238.12
三	企业利润	39217.17		7.00%	2745.20
四	税金	41962.37		3.284%	1378.04
五	其他				
六	合　计				43340.42

表 1-37　水利建筑工程预算单价计算表

工程名称：C25 预制钢筋混凝土顶盖

混凝土板预制及砌筑					
定额编号	水利部：40111	单价号	500109005001	单位：100m³	
编号	名称及规格	单 位	数 量	单价/元	合计/元
一	直接工程费				38796.94
1	直接费				34795.46
（1）	人工费				8778.84
	工长	工时	70.8	7.11	503.05
	高级工	工时	230.1	6.61	1521.31
	中级工	工时	885.0	5.62	4977.30
	初级工	工时	584.1	3.04	1777.19
（2）	材料费				25153.72
	专用钢模板	kg	116.41	6.50	756.67
	铁件	kg	24.59	5.50	135.25
	混凝土 C25	m³	102	234.98	23968.03

（续）

混凝土板预制及砌筑

定额编号	水利部:40111	单价号	500109005001	单位:100m³	
编号	名称及规格	单位	数量	单价/元	合计/元
	水	m³	240	0.19	44.74
	其他材料费	%	1	24904.68	249.05
（3）	机械费				862.89
	搅拌机0.4m³	台时	18.36	24.82	455.68
	胶轮车	台时	92.80	0.90	83.52
	载重汽车5t	台时	1.60	95.61	152.97
	振动器平板式2.2kW	台时	35.56	3.21	114.27
	其他机械费	%	7	806.44	56.45
2	其他直接费		34795.46	2.50%	869.89
3	现场经费		34795.46	9.00%	3131.59
二	间接费		38796.94	9.00%	3491.72
三	企业利润		42288.66	7.00%	2960.21
四	税金		45248.87	3.284%	1485.97
五	其他				
六	合　计				46734.84

表1-38　水利建筑工程预算单价计算表

工程名称:胶轮车运混凝土预制板

胶轮车运混凝土预制板

定额编号	水利部:40224	单价号	500109005001	单位:100m³	
编号	名称及规格	单位	数量	单价/元	合计/元
一	直接工程费				1088.46
1	直接费				976.20
（1）	人工费				767.65
	初级工	工时	252.3	3.04	767.65
（2）	材料费				37.55
	零星材料费	%	4	938.65	37.55
（3）	机械费				171.00
	胶轮车	台时	190.00	0.90	171.00
2	其他直接费		976.20	2.50%	24.40
3	现场经费		976.20	9.00%	87.86
二	间接费		1088.46	9.00%	97.96
三	企业利润		1186.42	7.00%	83.05
四	税金		1269.47	3.284%	41.69
五	其他				
六	合　计				1311.16

表 1-39　水利建筑工程预算单价计算表

工程名称:钢筋加工及安装

钢筋制作与安装					
定额编号	水利部:40289	单价号	500111001001		单位:t
适用范围:水工建筑物各部位及预制构件					
工作内容:回直、除锈、切断、弯制、焊接、绑扎及加工场至施工场地运输					
编号	名称及规格	单位	数量	单价/元	合计/元
一	直接工程费				6383.99
1	直接费				5725.55
(1)	人工费				550.65
	工长	工时	10.3	7.11	73.18
	高级工	工时	28.8	6.61	190.41
	中级工	工时	36.0	5.62	202.47
	初级工	工时	27.8	3.04	84.58
(2)	材料费				4854.36
	钢筋	t	1.02	4644.48	4737.37
	铁丝	kg	4.00	5.50	22.00
	电焊条	kg	7.22	6.50	46.93
	其他材料费	%	1.0	4806.30	48.06
(3)	机械费				320.54
	钢筋调直机 14kW	台时	0.60	18.58	11.15
	风砂枪	台时	1.50	32.89	49.33
	钢筋切断机 20kW	台时	0.40	26.10	10.44
	钢筋弯曲机 $\phi6 \sim 40$	台时	1.05	14.98	15.73
	电焊机 25kVA	台时	10.00	13.88	138.84
	对焊机 150 型	台时	0.40	86.90	34.76
	载重汽车 5t	台时	0.45	95.61	43.02
	塔式起重机 10t	台时	0.10	109.86	10.99
	其他机械费	%	2	314.26	6.29
2	其他直接费	5725.55		2.50%	143.14
3	现场经费	5725.55		9.00%	515.30
二	间接费	6383.99		9.00%	574.56
三	企业利润	6958.54		7.00%	487.10
四	税金	7445.64		3.284%	244.51
五	其他				
六	合　　计				7690.16

表 1-40　人工费基本数据表

项目名称	单位	工长	高级工	中级工	初级工
基本工资标准	元/月	550.00	500.00	400.00	270.00
地区工资系数		1.0000	1.0000	1.0000	1.0000
地区津贴标准	元/月	0.00	0.00	0.00	0.00
夜餐津贴比率	%	30.00	30.00	30.00	30.00

（续）

项目名称	单 位	工 长	高级工	中级工	初级工
施工津贴标准	元/天	5.30	5.30	5.30	2.65
养老保险费率	%	20.00	20.00	20.00	10.00
住房公积金费率	%	5.00	5.00	5.00	2.50
工时单价	元/时	7.11	6.61	5.62	3.04

表1-41　材料费基本数据表

名称及规格		钢筋	水泥32.5#	汽油	柴油	砂（中砂）	石子（碎石）	块石
单位		t	t	t	t	m³	m³	m³
单位毛重/t		1	1	1	1	1.55	1.45	1.7
每吨每公里运费/元		0.70	0.70	0.70	0.70	0.70	0.70	0.70
价格/元（卸车费和保管费按照郑州市造价信息提供的价格计算）	原价	4500	330	9390	8540	110	50	50
	运距	6	6	6	6	6	6	6
	卸车费	5	5			5	5	5
	运杂费	9.20	9.20	4.20	4.20	14.26	13.34	15.64
	保管费	135.28	10.18	281.83	256.33	3.73	1.90	1.97
	运到工地分仓库价格/t	4509.20	339.20	9394.20	8544.20	124.26	63.34	65.64
	保险费							
	预算价/元	4644.48	349.38	9676.03	8800.53	127.99	65.24	67.61

表1-42　混凝土单价计算基本数据表

混凝土材料单价计算表								单位：m³
单价/元	混凝土标号	水泥强度等级	级配	预算量				
				水泥/kg	掺合料/kg 膨润土	砂/m³	石子/m³	外加剂/kg REA	水/m³
233.28	M7.5	32.5		261		1.11			0.157
212.98	C15	32.5	1	270		0.57	0.70		0.170
228.27	C20	42.5	1	321		0.54	0.72		0.170
234.98	C25	42.5	1	353		0.50	0.73		0.170
245.00	C30	42.5	1	389		0.48	0.73		0.170

表1-43　机械台时费单价计算基本数据表

名称及规格	台时费	折旧费	修理费	安拆费	人工费	动力燃料费
胶轮车	0.90	0.26	0.64		0.00	0.00
振捣器插入式1.1kW	2.27	0.32	1.22		0.00	0.73
风（砂）水枪6m³/min	32.89	0.24	0.42		0.00	32.23
混凝土搅拌机0.4m³	24.82	3.29	5.34	1.07	7.31	7.81

（续）

名称及规格	台时费	折旧费	修理费	安拆费	人工费	动力燃料费
钢筋切断机 20kW	26.10	1.18	1.71	0.28	7.31	15.62
载重汽车 5t	95.61	7.77	10.86		7.31	69.67
电焊机交流 25kVA	13.88	0.33	0.30	0.09	0.00	13.16
钢筋调直机 4~14kW	18.58	1.60	2.69	0.44	7.31	6.54
钢筋弯曲机 φ6-40	14.98	0.53	1.45	0.24	7.31	5.45
对焊机电弧型 150kVA	86.90	1.69	2.56	0.76	7.31	74.58
塔式起重机 10t	109.86	41.37	16.89	3.10	15.18	33.32

第2章 土石方填筑工程

例4 某黏土心墙工程预算单价

某电站挡水工程为黏土心墙土石坝,坝体剖视图如图 2-1 所示。坝长 2000m,心墙设计工程量为 90 万 m^3,设计干重度 16.67kN/m^3。土料含水量为 25%,天然干重度 15.19kN/m^3,土料上坝前要翻晒处理,土壤级别为Ⅲ类土。试求黏土心墙的综合预算单价。

已知:(1)覆盖层为Ⅲ类土,清除量 4 万 m^3,由 74kW 推土机推运 100m 弃土。

(2)土料用三铧犁在料场进行翻晒,料场翻晒中心距坝址左岸坝头 2km,翻晒后由 5m^3 装载机配 25t 自卸汽车装运上坝,16t 轮胎碾碾压。

(3)人工预算工资,初级工 3.04 元/(工·日),中级工 5.62 元/(工·日),各种机械台时费见表2-1、表 2-2、表 2-3 和表 2-4 所示。

(4)其他直接费费率 2%,现场经费费率 9%,间接费率 8%,利润率 7%,税率 3.22%。

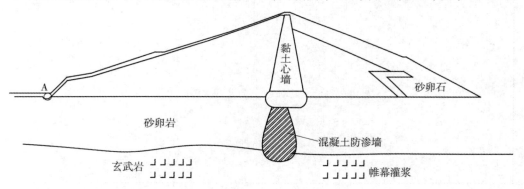

图 2-1 黏土心墙土石坝坝体剖视图

【解】 1.计算各工序直接费单价

(1)计算覆盖层清除直接费单价,见表 2-1。

表 2-1 建筑工程单价计算表

定额编号:10273 覆盖层清除 定额单位:100m^3 自然方

项目	单位	数量	单价/元	合计/元
初级工	工时	6.00	3.04	18.24
零星材料费	%	10.00		48.76
推土机 74kW	台时	4.81	97.57	469.31
合计	元			536.31

（2）计算土料处理直接费,计算过程见表2-2。

表2-2　建筑工程单价表

定额编号:10463　　　　　　　土料在料场翻晒　　　　　　定额单位:100m³ 自然方

项目	单位	数量	单价/元	合计/元
初级工	工时	32.20	3.04	97.89
零星材料费	%	5.00		16.65
三铧犁	台时	0.95	1.87	1.78
拖拉机 59kW	台时	0.95	45.36	43.09
缺口耙	台时	1.90	2.29	4.35
拖拉机 55kW	台时	1.90	39.83	75.68
推土机 59kW	台时	1.90	57.96	110.12
合计	元			349.56

（3）计算土料填筑直接费。

按照工序计算开挖和压实直接费单价,其中5m³装载机配25t自卸汽车装运上坝,由于坝长2000m,翻晒中心距坝址左岸坝头2km,故自卸汽车平均运距为3km。由题意可知,装载机挖的是松土,因此,其人工及挖装机均应乘以0.85系数。工序直接费计算见表2-3、表2-4。

表2-3　建筑工程单价表

定额编号:10421　　　　　翻晒后的土料装车运输上坝　　　　定额单位:100m³ 自然方

项目	单位	数量	单价/元	合计/元
初级工	工时	2.20×0.85	3.04	5.68
零星材料费	%	2.00		21.41
装载机 5m³	台时	0.41×0.85	407.35	141.96
推土机 88kW	台时	0.21×0.85	119.75	21.38
自卸汽车 25t	台时	4.12	218.81	901.50
合计	元			1091.93

表2-4　建筑工程单价表

定额编号:10471　　　　　　　轮胎碾压实土料　　　　　　定额单位:100m³实方

项目	单位	数量	单价/元	合计/元
初级工	工时	21.20	3.04	64.45
零星材料费	%	10.00		24.65
轮胎碾 9~16t	台时	0.99	29.27	28.98
拖拉机 74kW	台时	0.99	58.82	58.23
推土机 74kW	台时	0.50	97.57	48.79
蛙式打夯机 2.8kW	台时	1.00	13.35	13.35
刨毛机	台时	0.50	61.72	30.86
其他机械费	%	1.00		1.80
合计	元			271.11

2. 计算心墙综合直接费

$J_直 = 4/90 \times 5.36 + (1 + 0.057) \times 16.67/15.19 \times (3.50 + 10.92) + 2.71$

$= 19.68(元/m^3)(实方)$

3. 计算综合系数

综合系数 $= (1 + 0.02 + 0.09) \times (1 + 0.08) \times (1 + 0.07) \times (1 + 0.0322) = 1.324$

4. 计算黏土心墙综合预算单价

$J_综 = 19.68 \times 1.324 = 26.06(元/m^3)(实方)$

例5 某堆石坝填筑单价预算

某堆石坝填筑示意图如图2-2所示。所需填筑料采用天然砂砾料,料场覆盖层清除量为15万 m^3(自然方),设计需成品骨料150万 m^3(成品方),超径石7.5万 m^3(成品方)做弃料,并运至弃料场。试编制:

(1)成品骨料预算单价。

(2)该堆石坝堆石料填筑概算单价。

已知:(1)开采施工方法:覆盖层清除采用3m^3液压挖掘机挖装、20t自卸汽车运1km;砂砾料开采运输采用3m^3液压挖掘机挖装、20t自卸汽车运2km;砂砾料筛洗系统处理能力2×220t/h;成品骨料运输采用3m^3液压挖掘机挖装、20t自卸汽车运2km;超径石弃料运输采用3m^3液压挖掘机挖装、20t自卸汽车运1km;成品骨料用3m^3液压挖掘机挖装、20t自卸汽车运输上坝,运距为1km,采用14t振动碾压实。

(2)工艺流程:①覆盖层清除;②毛料开采运输;③预筛分;④超径石弃料运输;⑤筛分冲洗;⑥成品料运输。

(3)人工、材料预算单价:初级工3.04元/(工·日),中级工5.62元/(工·日),水0.5元/m^3。

(4)综合系数为1.342,施工机械台时费见表2-5。

表2-5 施工机械台(米)时费

名称及型号	单位	台(米)时费(元)
3m^3挖掘机	台时	370.05
推土机88kW	台时	103.10
20t自卸汽车	台时	132.80
1500×3600圆振动筛	台时	33.31
1800×4200圆振动筛	台时	38.31
1500螺旋分级机	台时	40.54
1500×4800直线振动筛	台时	46.83
1100×2700槽式给料机	台时	31.54
$B=500$胶带输送机	米时	0.33
$B=650$胶带输送机	米时	0.48
$B=800$胶带输送机	米时	0.51
$B=1000$胶带输送机	米时	0.59

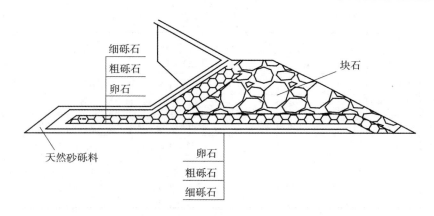

图 2-2　天然砂砾料填筑示意图

【解】　（一）（1）基本参数的确定。

覆盖层清除摊销率 = 15/150 = 10%

超径石弃料摊销率 = 7.5/150 = 5%

（2）计算各工序直接费单价。

由已知条件和现行《水利建筑工程预算定额》编制各工序直接费单价成果表,见表 2-6,其中砂砾料预筛分直接费单价计算见表 2-7。

表 2-6　建筑工程单价表

工程名称:砂石备料工序直接费单价计算成果表

序号	工序名称	定额编号	工序单价	折算单价(元/100t)
1	覆盖层清除	10377 调	735.41 元/100m³(自然方)	735.41/1.55 = 474.46
2	砂砾料开采运输	60236	672.21 元/100m³(成品方)	672.21/1.74 = 386.33
3	预筛分(弃料)	60075 调	77.98 元/100t(成品)	77.98
4	砂砾料筛洗	60075	445.69 元/100t(成品)	445.69
5	成品料运输	60230	605.19 元/100m³(成品方)	605.19/1.65 = 366.78(粗骨料)
6	超径石运输	60229	511.3 元/100m³(成品方)	511.3/1.65 = 309.88

表 2-7　砂石备料工程单价表

工程名称:砂砾料预筛分　　　　　　　定额编号:60075　　　　　　　单位:100t 成品方

项　目	单　位	数　量	单价/元	合计/元
中级工	工时	3×0.2	5.62	3.37
初级工	工时	5×0.2	3.04	3.04
砂砾料采运	t	110.00		
其他材料费	%	1.00	0.00	0.00
1500×3600 圆振动筛	台时	0.29×0.2	33.31	1.93
1800×4200 圆振动筛	台时	1.17×0.2	38.31	8.96
1500 螺旋分级机	台时	0.59×0.2	40.54	4.78

（续）

项 目	单 位	数 量	单价/元	合计/元
1500×4800 直线脱水筛	台时	0.29×0.2	46.83	2.72
1100×2700 槽式给料机	台时	0.59×0.2	31.54	3.72
$B=500$ 胶带输送机	米时	50×0.2	0.33	3.30
$B=650$ 胶带输送机	米时	50×0.2	0.48	4.80
$B=800$ 胶带输送机	米时	171×0.2	0.51	17.44
$B=1000$ 胶带输送机	米时	34×0.2	0.59	4.01
推土机 88kW	台时	0.8×0.2	103.10	16.50
其他机械费	%	5.00	68.16	3.41
合计	元			77.98

注:1.根据《水利建筑工程预算定额》砂石备料工程分章说明,编制预筛分单价时,需对天然砂砾料筛洗定额人工和机械乘 0.2 的调整系数,并扣除用水量;

2.砂砾料采运按单独工序计算单价,故本表不再计算其费用,其他材料费计算也不考虑其费用。

（3）综合系数计算。

根据《编制规定》,砂石备料工程综合系数为:

$K=(1+0.02+0.02)\times(1+0.06)\times(1+0.07)\times(1+0.0322)=1.218$

（4）根据上述计算成果,可列表计算骨料综合单价,如表2-8。

表2-8 骨料单价计算表

序号	项 目	定额编号	折算工序单价/（元/100t）	系数	摊销率/%	计算单价/（元/100t）
1	覆盖层清除	10377 调	474.46		10.00	47.45
2	砂砾料开采运输	60236	386.33	1.10		424.96
3	预筛分（弃料）	60075 调	77.98			77.98
4	砂砾料筛洗	60075	445.69			445.69
5	成品料运输	60230	366.78			366.78
6	超径石运输	60229	309.88			309.88
7	超径石弃料摊销	60236 60075 调 60229	424.96+77.98+ 309.88=812.82		5	40.64
	合计					1713.38
	计入综合单价系数		1713.38×1.218=2086.90（元/100t）			
	折算单价		2086.90×1.65=3443.39（元/100m³）（成品）			

注:表中 1.10 系数系指加工 100t 成品骨料需采运 110t 砂砾料。

由以上计算可知,成品骨料预算单价为 34.43 元/m³。

（二）（1）计算骨料运输单价。

查《水利建筑工程预算定额》第六章骨料运输定额计算运输直接费,并考虑坝面施工干扰系数 1.02,计算过程见表2-9。

表2-9　建筑工程单价表

工程:3m³ 挖掘机挖装 20t 自卸汽车运输　　　定额编号:60229　　　　　　　单位:100m³ 成品堆方

项目	单位	数量	单价/元	合计/元
初级工	工时	2.30	3.04	6.99
零星材料费	%	1.00	506.24	5.06
挖掘机 3m³	台时	0.34	370.05	125.82
挖土机 88kW	台时	0.17	103.10	17.53
自卸汽车 20t	台时	2.68	132.80	355.90
合计	元			511.30
上坝运输直接费	元	511.3 × 1.02 = 521.53		

（2）计算堆石料填筑概算单价。

选用《水利建筑工程概算定额》第三章土石坝物料压实一节自成品供料场运输上坝子目,定额编号 30089,将堆石料及堆石料运输价格代入压实定额,可计算堆石料填筑概算单价为 69.07 元/m³(实方),计算过程见表 2-10。

表 2-10　建筑工程单价表

工程:堆石料压实　　　　　　定额编号:30089　　　　　　单位:100m³ 压实方

项目	单位	数量	单价/元	合计/元
初级工	工时	19.7	3.04	59.89
堆石料	m³	121	34.43	4166.03
其他材料费	%	5	4166.03	208.30
振动碾 14t	台时	0.26	47.13	12.25
推土机 74kW	台时	0.55	97.57	53.66
蛙式打夯机 2.8kW	台时	1.09	13.35	14.55
其他机械费	%	1	80.46	0.80
堆石料运输(堆方)	m³	121	5.22	631.62
合计	元			5147.10
综合概算单价	元	5147.10 × 1.342 = 6907.41		

例6　某堆石坝坡面填筑工程

某堆石坝剖视图和堆石坝坡面石料填筑示意图如图 2-3、图 2-4 所示。堆石坝跨度为 100m,坝体坡面采用浆砌卵石砌筑,砂浆强度为 M20,卵石由承包商外部购买,购买价格为 45 元/m³;底部采用粗砾石和细砾石填筑,粗砾石开采采用风钻钻孔,一般爆破,岩石级别为 Ⅸ,用 3m³ 装载机装 20t 自卸汽车运输上坝,运距为 1km,采用 74kW 拖拉机压实;细砾石由天然砂砾料筛洗直接运输上坝,天然砂砾料从外部购买,购买单价为 8 元/m³,采用 74kW 拖拉机压实。求该堆石坝高程 122.000～138.000 处坡面填筑价格。

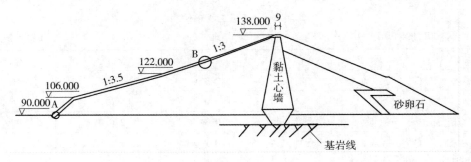

图 2-3　黏土心墙土坝

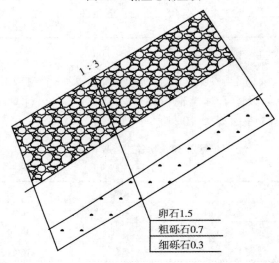

图 2-4　详图 B

【解】　一、清单工程量

1. 土石方填筑工程

（1）砂砾料细砾石填筑

土石方填筑工程处于施工图设计阶段，且工程量在 200 万 m³ 以下，则清单工程量为图纸工程量乘以系数 1.0。

清单工程量 $= 50.6 \times 0.3 \times 100 \times 1.0 = 1518 \mathrm{m}^3$

【注释】　50.6——堆石坝坡面长度，计算公式为 $\sqrt{16^2 + 48^2}$；

　　　　　　0.3——细砾石填筑厚度；

　　　　　　100——堆石坝的跨度。

（2）砂砾料粗砾石填筑

土石方填筑工程处于施工图设计阶段，且工程量在 200 万 m³ 以下，则清单工程量为图纸工程量乘以系数 1.0。

清单工程量 $= 50.6 \times 0.7 \times 100 \times 1.0 = 3542 \mathrm{m}^3$

【注释】　50.6——堆石坝坡面长度，计算公式为 $\sqrt{16^2 + 48^2}$；

　　　　　　0.7——粗砾石填筑厚度；

　　　　　　100——堆石坝的跨度。

2. 砌筑工程

浆砌卵石砌筑工程处于施工图设计阶段,清单工程量按照建筑物设计图纸的几何轮廓尺寸计算。

清单工程量 $= 50.6 \times 1.5 \times 100 \times 1.0 = 7590 \text{m}^3$

【注释】　50.6——堆石坝坡面长度,计算公式为 $\sqrt{16^2 + 48^2}$;

　　　　　1.5——浆砌卵石厚度;

　　　　　100——堆石坝的跨度。

清单工程量计算见表 2-11。

表 2-11　工程量清单计算表

序号	项目编码	项目名称	计量单位	工程量	主要技术条款编码
1		建筑工程			
1.1		填筑工程			
1.1.1	500103008001	细砾石填筑	m³	1518.00	
1.1.2	500103008002	粗砾石填筑	m³	3542.00	
1.2		砌筑工程			
1.2.1	500105004001	浆砌卵石	m³	7590.00	

二、定额工程量

(一)细砾石填筑

1. 天然砂砾料筛洗细砾石

定额工程量 $= 50.6 \times 0.3 \times 100 = 1518 \text{m}^3 = 2504.7(\text{t}) = 25.05(100\text{t} 成品)$

注:由于砾石的密度为 1.65t/m^3 ,则 1518m^3 换算成 2504.7t。

套用定额 60072,定额单位:100t 成品。

2. 细砾石运输

定额工程量 $= 50.6 \times 0.3 \times 100 \times 1.0 = 1518 \text{m}^3 = 20.53(100\text{m}^3 成品堆方)$

套用定额 60186,定额单位:100m³ 成品堆方。

注:查石方松实系数换算表,得砂砾料堆方对应实方的系数为 1.19/0.88(1.352)。

3. 细砾石填筑压实

定额工程量 $= 50.6 \times 0.3 \times 100 = 1518 \text{m}^3 = 15.18(100\text{m}^3 实方)$

套用定额 30056,定额单位:100m³实方。

(二)粗砾石填筑

1. 粗砾石开采

定额工程量 $= 50.6 \times 0.7 \times 100 \times 1.0 = 3542 \text{m}^3 \times (1.19/0.88) = 47.9(100\text{m}^3 成品堆方)$

套用定额 60094,定额单位:100m³ 成品堆方。

2. 粗砾石运输

定额工程量 $= 50.6 \times 0.7 \times 100 = 3542 \text{m}^3 \times (1.19/0.88) = 47.9(100\text{m}^3 成品堆方)$

套用定额 60343,定额单位:100m³ 成品堆方。

3. 粗砾石填筑压实

定额工程量 $= 50.6 \times 0.7 \times 100 = 3542 \text{m}^3 = 35.42(100\text{m}^3 实方)$

套用定额 30056,定额单位:100m³ 实方。

(三)浆砌卵石

浆砌卵石

定额工程量 $= 50.6 \times 1.5 \times 100 = 7590 \mathrm{m}^3 = 75.9(100\mathrm{m}^3)$

套用定额 30023,定额单位:100m³。

某堆石坝坡面砌筑工程分类分项工程量清单与计价见表 2-12,工程单价汇总见表 2-13,工程单价计算见表 2-14 ~ 表 2-20,水泥砂浆材料单价计算见表 2-21。

表 2-12　分类分项工程量清单计价表

工程名称:某堆石坝坡面填筑工程　　　　　　　　　　　　　　　　　　　　　　第　页　共　页

序号	项目编码	项目名称	计量单位	工程量	单价/元	合价/元	主要技术条款编码
1		建筑工程					
1.1		填筑工程					
1.1.1	500103008001	细砾石填筑	m³	1518.00	202.30	307091.40	
1.1.2	500103008002	粗砾石填筑	m³	3542.00	27.23	96448.66	
1.2		砌筑工程					
1.2.1	500105004001	浆砌卵石	m³	7590.00	194.11	147394.90	
		合计				1876834.96	

表 2-13　工程单价汇总表

工程名称:某堆石坝坡面填筑工程　　　　　　　　　　　　　　　　　　　　　　第　页　共　页

序号	项目编码	项目名称	计量单位	人工费	材料费	机械使用费	施工管理费和利润	税金	合计
1		建筑工程							
1.1		填筑工程							
1.1.1	500103008001	细砾石填筑	m³	7.91	16.63	130.69	40.76	6.31	202.30
1.1.2	500103008002	粗砾石填筑	m³	2.96	5.15	12.78	5.49	0.85	27.23
1.2		砌筑工程							
1.2.1	500105004001	浆砌卵石	m³	29.29	116.29	3.36	39.11	6.06	194.11

表 2-14　工程单价计算表

工程:填筑工程　　　　　　　　单价编号:500103008001　　　　　　　　定额单位:100t 成品

		施工方法:细砾石筛洗				
编号	名称及规格	单位	数量	单价/元	合计/元
1	直接费	元			8112.14
1.1	人工费	元			78.40
	中级工	工时	10.00	4.36	43.60
	初级工	工时	15.00	2.32	34.80
1.2	材料费	元			985.76
	砂砾料采运	t	110.00	8.00	880.00

（续）

		施工方法:细砾石筛洗			
编号	名称及规格	单位	数　量	单价/元	合计/元
	水	m³	120.00	0.80	96.00
	其他材料费	%	1.00	976.00	9.76
1.3	机械使用费	元			7047.98
	圆振动筛 1200×3600	台时	2.15	31.60	67.94
	圆振动筛 3—1200×3600	台时	2.15	34.51	74.20
	砂石洗选机 XL－450	台时	2.15	20.62	44.33
	槽式给料机 1100×2700	台时	2.15	32.60	70.09
	胶带运输机 B=500	台时	410.00	8.00	3280.00
	胶带运输机 B=650	台时	308.00	10.00	3080.00
	推土机 88kW	台时	0.80	119.75	95.80
	其他机械费	%	5.00	6712.36	335.62
2	施工管理费	%	18.00	8112.14	1460.19
3	利润	%	7.00	9572.33	670.06
4	税金	%	3.22	10242.39	329.80
	合价	元			10572.19
	174.46	单价	元		

注:1. 施工管理费以直接费为基数,费率为18%。

　　2. 利润以管理费、直接费之和为基数,费率为7%。

　　3. 税金以直接费、管理费、利润之和为基数,费率为7%。

　　4. 清单综合单价组成明细中数量＝定额工程量/清单工程量/定额单位。

表2-15　工程单价计算表

工程:填筑工程　　　　　　　　　　单价编号:500103006001　　　　　　　定额单位:100t 成品堆方

		施工方法:细砾石运输			
编号	名称及规格	单位	数　量	单价/元	合计/元
1	直接费	元			1442.82
1.1	人工费	元			454.72
	初级工	工时	196.00	2.32	454.72
1.2	材料费	元			14.29
	零星材料费	%	1.00	1428.53	14.29
1.3	机械使用费	元			973.81
	自卸汽车 5t	台时	16.43	59.27	973.81
2	施工管理费	%	18.00	1442.82	259.71
3	利润	%	7.00	1702.53	119.18
4	税金	%	3.22	1821.71	58.66
	合计	元			1880.37
	单价	元			25.43

表 2-16 工程单价计算表

工程:填筑工程　　　　　　　单价编号:500103008001　　　　　　定额单位:100m³实方

施工方法:细砾石压实

编号	名称及规格	单位	数　量	单价/元	合计/元
1	直接费	元			184.73
1.1	人工费	元			46.40
	初级工	工时	20.00	2.32	46.40
1.2	材料费	元			16.79
	零星材料费	%	10.00	167.94	16.79
1.3	机械使用费	元			121.54
	拖拉机 74kW	台时	0.79	73.67	58.20
	推土机 74kW	台时	0.50	97.57	48.79
	蛙式打夯机　2.8kW	台时	1.00	13.35	13.35
	其他机械费	%	1.00	120.34	1.20
2	施工管理费	%	18.00	184.73	33.25
3	利润	%	7.00	217.98	15.26
4	税金	%	3.22	233.24	7.51
	合计	元			240.75
	单价	元			2.41

表 2-17 工程单价计算表

工程:填筑工程　　　　　　　单价编号:500103008002　　　　　　定额单位:100m³成品堆方

施工方法:粗砾石开采

编号	名称及规格	单位	数　量	单价/元	合计/元
1	直接费	元			772.74
1.1	人工费	元			177.64
	中级工	工时	13.50	4.36	58.86
	初级工	工时	51.20	2.32	118.78
1.2	材料费	无			362.24
	合金钻头	个	1.33	45.00	59.85
	炸药	kg	26.17	7.00	183.19
	雷管	个	22.37	1.00	22.37
	导线火线	m	63.90	1.00	63.90
	其他材料费	%	10.00	329.31	32.93
1.3	机械使用费	元			232.86
	风钻手持式	台时	6.05	34.99	211.69
	其他机械费	%	10.00	211.69	21.17
2	施工管理费	%	18.00	772.74	139.09

（续）

施工方法:粗砾石开采

编号	名称及规格	单位	数　量	单价/元	合计/元
3	利润	%	7.00	911.83	63.83
4	税金	%	3.22	975.66	31.42
	合价	元			1007.08
	单价	元			13.62

表 2-18　工程单价计算表

工程:填筑工程　　　　　单价编号:500103008002　　　　　定额单位:100m³ 成品堆方

施工方法:粗砾石运输

编号	名称及规格	单位	数　量	单价/元	合计/元
1	直接费	元			635.66
1.1	人工费	元			6.96
	初级工	工时	3.00	2.32	6.96
1.2	材料费	元			6.29
	零星材料费	%	1.00	629.37	6.29
1.3	机械使用费	元			622.41
	装载机 3m³	台时	0.57	191.09	108.92
	推土机 88kW	台时	0.29	119.75	34.73
	自卸汽车 20t	台时	3.09	154.94	478.76
2	施工管理费	%	18.00	635.66	114.42
3	利润	%	7.00	750.08	52.51
4	税金	%	3.22	802.59	25.84
	合计	元			828.43
	单价	元			11.20

表 2-19　建筑工程单价计算表

工程:粗砾石压实　　　　　单价编号:500103008002　　　　　定额单位:100m³ 成品堆方

施工方法:粗砾石压实

编号	名称及规格	单位	数量	单价/元	合计/元
1	直接费	元			184.73
1.1	人工费	元			46.40
	初级工	工时	20	2.32	46.40
1.2	材料费	元			16.79
	零星材料费	%	10	167.94	16.79
1.3	机械使用费	元			121.54
	拖拉机 74kW	台时	0.79	73.67	58.20
	推土机 74kW	台时	0.5	97.57	48.79

（续）

施工方法:粗砾石压实					
编号	名称及规格	单位	数 量	单价/元	合计/元
	蛙式打夯机 2.8kW	台时	1	13.35	13.35
	其他机械费	%	1	120.34	1.20
2	施工管理费	%	18	184.73	33.25
3	利润	%	7	217.98	15.26
4	税金	%	3.22	233.24	7.51
	合计	元			240.75
	单价	元			2.41

表 2-20   建筑工程单价计算表

工程:浆砌卵石   单价编号:500105004001   单位:100m³

编号	项 目	单 位	数 量	单价/元	合计/元
1	直接费	元			14893.40
1.1	人工费	元			2928.96
	工长	工时	18.00	5.40	97.20
	中级工	工时	385.40	4.36	1680.34
	初级工	工时	496.30	2.32	1151.42
1.2	材料费				11628.59
	卵石	m³	105.00	45.00	4725.00
	砂浆	m³	37.00	185.02	6845.74
	其他材料费	%	0.50	11570.74	57.85
1.3	机械使用费	元			335.85
	砂浆搅拌机0.4m³	台时	6.66	28.70	191.14
	胶轮车	台时	160.79	0.90	144.71
2	施工管理费	%	18	14893.40	2680.81
3	利润	%	7	17574.21	1230.19
4	税金	%	3.22	18804.40	605.50
	合计	元			19409.90
	单价	元			194.11

表 2-21   砂浆材料单价计算表

单位:m³

材料名称	单位	材料预算量	材料预算价格/元	合计/元
水泥	kg	457.00	0.30	137.10
砂	m³	1.06	45.00	47.70
水	m³	0.274	0.80	0.22
合价	元			185.02
单价	元			185.02

第3章 砌筑工程

例7 干砌石护坡预算单价

某护岸工程上游河道的护坡由干砌石砌筑而成,护坡干砌块石示意图如图3-1 所示。由承包商自行开采块石,岩石级别为XII级。施工方法为:先清除覆盖层,然后用机械开采块石,机械清渣,人工装 8t 自卸汽车运 1km 到施工现场,试计算块石护坡工程的预算直接费单价。

已知:(1)覆盖层开挖单价为 20 元/m³,占开采块石量的 5%。

(2)人工、材料和机械价格见单价表 3-1、表 3-2 和表 3-3。

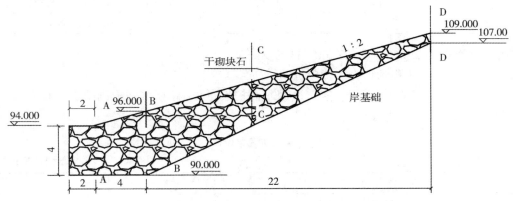

注:图中尺寸单位为 m

图 3-1 某护岸工程浆砌块石示意图

【解】 (1)计算块石材料单价。

①覆盖层清除摊销费 = 20 × 5% = 1(元/m³)

②计算块石开采和块石运输直接费,计算过程见表 3-1 和表 3-2。

表 3-1 建筑工程单价表

定额编号:60424　　　　　　　　机械开采块石　　　　　　定额单位:100m³ 成品堆方

项　　目	单　　位	数　　量	单价/元	合计/元
工长	工时	6.40	7.03	44.99
中级工	工时	23.00	5.55	127.65
初级工	工时	289.70	3.00	869.10
合金钻头	个	2.57	45.00	115.65
炸药	kg	41.13	7.00	287.91
雷管	个	35.15	1.00	35.15
导线火线	m	100.43	1.00	100.43

（续）

项　目	单　位	数　量	单价/元	合计/元
其他材料费	%	15		80.87
风钻手持式	台时	13.17	34.99	460.82
推土机88kW	台时	3.01	119.75	360.45
其他机械费	%	10		82.13
合计	元			2565.15

表3-2　建筑工程单价表

定额编号:60441　　　　　　　　　　人工装8t自卸汽车运输　　　　　　　定额单位:100m³成品堆方

项　目	单　位	数　量	单价/元	合计/元
初级工	工时	147.00	3.00	441.00
零星材料费	%	1.00		18.50
自卸汽车8t	台时	16.83	83.71	1408.84
合计	元			1868.34

③块石单价 $= 1 + 25.65 + 18.68 = 45.33($元$/m^3)$

（2）计算干砌护坡工程预算直接费单价。

查《预算定额》第三章干砌块石一节,选用平面护坡子目,计算得到干砌块石护坡直接费单价为75.73元$/m^3$（计算过程见表3-3）。

表3-3　建筑工程单价表

定额编号:30012　　　　　　　　　　　　干砌块石护坡　　　　　　　　　　定额单位:100m³

项　目	单　位	数　量	单价/元	合计/元
工长	工时	11.30	7.03	79.44
中级工	工时	173.90	5.55	965.15
初级工	工时	382.50	3.00	1147.50
块石	m³	116	45.33	5258.28
其他材料费	%	1		52.58
胶轮车	台时	78.30	0.90	70.47
合计	元			7573.42

例8　某渠道干砌块石护岸工程

　　某渠道护岸工程由干砌块石筑成,护岸相关图形如图3-2～图3-5所示。护岸所用块石由承包商自行开采,岩石级别为Ⅻ级。施工方法为:先清除覆盖层（4m）,然后用机械开采块石,机械清渣,人工装8t自卸汽车运1km到施工现场,覆盖层开挖单价为15元$/m^3$,占开采块石量的5%。试计算护岸干砌块石工程的预算。

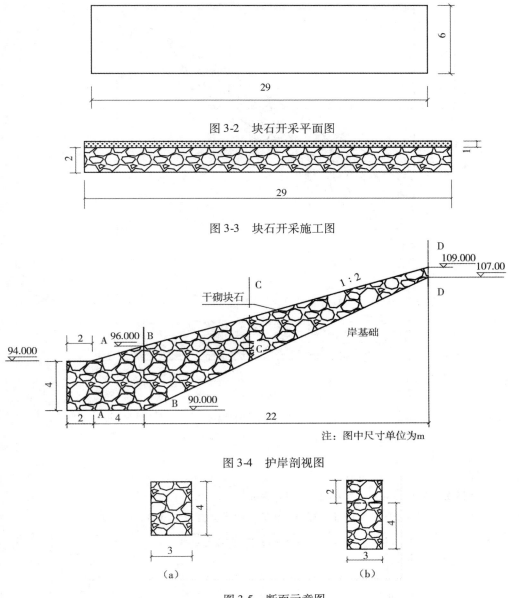

图 3-2 块石开采平面图

图 3-3 块石开采施工图

图 3-4 护岸剖视图

图 3-5 断面示意图

（a）A-A 断面示意图　（b）B-B 断面示意图

【解】　一、清单工程量

清单工程量计算规则：由于工程处于施工图设计阶段，则清单工程量为施工图纸计算所得工程量乘以系数 1.0。

1. 块石开挖

清单工程量 $= 29 \times 6 \times 2 \times 1.0 = 348\text{m}^3$

【注释】　29——开挖块石场地的长度；

　　　　　　6——开挖块石场地的宽度；

　　　　　　2——开挖块石场地的高度。

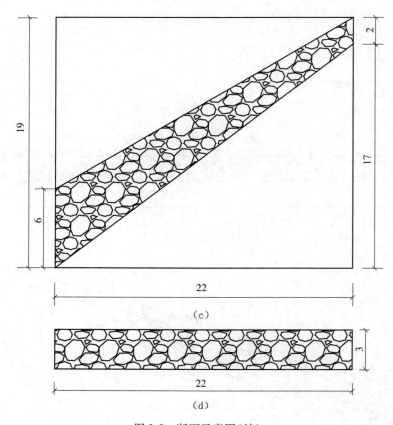

图 3-5 断面示意图(续)

(c)C-C 断面示意图   (d)D-D 断面示意图

2. 干砌块石护岸

清单工程量 $1 = 3 \times 4 \times 2 = 24 \mathrm{m}^3$

清单工程量 $2 = 4 \times 3 \times 4 + 0.5 \times 4 \times 2 \times 3 = 60 \mathrm{m}^3$

清单工程量 $3 = 22 \times 19 \times 3 - 0.5 \times 22 \times 3 \times 17 - 0.5 \times 22 \times 13 \times 3 = 264 \mathrm{m}^3$

清单工程量 = (清单工程量 1 + 清单工程量 2 + 清单工程量 3) $\times 1.0 = 348 \mathrm{m}^3$

【注释】   3——护岸宽度;

　　　　　　4——A－A 断面示意图中护岸高度;

　　　　　　2——A－A 断面示意图中护岸长度;

　　　　　24——A－A 断面示意图中所求块石的体积;

　　　　　　4——B－B 断面示意图中干砌块石护岸的长度;

　　　　　　3——护岸宽度;

　　　　　　4——B－B 断面示意图中护岸高度;

　　　　　　2——B－B 断面示意图中斜坡护岸的高度;

　　　　　60——B－B 断面示意图中所求块石的体积;

　　　　264——C－C 断面示意图所求块石的体积;

　　　　348——干砌块石护岸工程所需块石的工程量。

工程量清单计算见表 3-4。

表3-4　工程量清单计算表

工程名称:某渠道干砌块石护岸工程　　　　　　　　　　　　　　　　第　页　共　页

序号	项目编码	项目名称	计量单位	工程量	主要技术条款编码
1		建筑工程			
1.1		石方开挖工程			
1.1.1	500102001001	块石开挖	m^3	348	
1.2		砌筑工程			
1.2.1	500105001001	干砌块石	m^3	348	

二、定额工程量(套用《水利建筑工程预算定额》)

1. 块石开挖

(1)覆盖层清除

定额工程量 $= 29 \times 6 \times 1 = 174 m^3 = 1.74 (100 m^3)$

套用定额10383,定额单位:100m^3。

(2)机械开采块石

定额工程量 $= 29 \times 6 \times 2 = 348 m^3 = 3.48 (100 m^3)$

套用定额60424,定额单位:100m^3成品堆方。

(3)人工装自卸汽车运输

定额工程量 $= 29 \times 6 \times 2 = 348 m^3 = 3.48 (100 m^3)$

套用定额60441,定额单位:100m^3成品堆方。

2. 干砌块石

定额工程量 $= 3 \times 4 \times 2 + (4 \times 3 \times 4 + 0.5 \times 4 \times 2 \times 3) + (22 \times 19 \times 3 - 0.5 \times 22 \times 3 \times 17 -$
$\qquad 0.5 \times 22 \times 13 \times 3)$

$\qquad\qquad = 348 m^3 = 3.48 (100 m^3)$

套用定额30012,定额单位100m^3。

某渠道图护岸工程分类分项工程量清单与计价见表3-5,工程单价汇总见表3-6,工程单价计算见表3-7~表3-10所示。

表3-5　分类分项工程量清单计价表

工程名称:某渠道干砌块石护岸工程　　　　　　　　　　　　　　　　第　页　共　页

序号	项目编码	项目名称	计量单位	工程量	单价/元	合价/元	主要技术条款编码
1		建筑工程					
1.1		石方开挖工程					
1.1.1	500102001001	块石开挖	m^3	348.00	63.12	21965.76	
1.2		砌筑工程					
1.2.1	500105001001	干砌块石	m^3	348.00	92.37	32144.76	

表3-6　工程单价汇总表

工程名称:某渠道干砌块石护岸工程　　　　　　　　　　　　　　　　第　页　共　页

序号	项目编码	项目名称	计量单位	人工费	材料费	机械使用费	施工管理费和利润	税金	合计
1		建筑工程							

（续）

序号	项目编码	项目名称	计量单位	人工费	材料费	机械使用费	施工管理费和利润	税金	合计
1.1		石方开挖工程							
1.1.1	500102001001	块石开挖	m³	11.54	6.66	30.24	12.72	1.97	63.12
1.2		砌筑工程							
1.2.1	500105001001	干砌块石	m³	17.07	53.11	0.71	18.61	2.88	92.37

表3-7　工程单价计算表

工程:覆盖层清除　　　　　　　　单价编号:500102001001　　　　　　　　定额单位:100m³

施工方法:4m³挖掘机挖装,20t自卸汽车运输

编号	名称及规格	单位	数　量	单价/元	合计/元
1	直接费	元			745.61
1.1	人工费	元			5.57
	初级工	工时	2.40	2.32	5.57
1.2	材料费	元			28.68
	零星材料费	%	4.00	716.94	28.68
1.3	机械使用费	元			711.37
	挖掘机4m³液压	台时	0.36	513.08	184.71
	推土机88kW	台时	0.18	119.75	21.56
	自卸汽车20t	台时	3.26	154.94	505.10
2	施工管理费	%	18.00	745.61	134.21
3	利润	%	7.00	879.82	61.59
4	税金	%	3.22	941.41	30.31
	合计	元			971.72
	单价	元			9.72

表3-8　建筑工程单价表

工程:块石开挖　　　　　　　　单价编号:500102001001　　　　　　　　定额单位:100m³成品堆方

施工方法:机械开采块石

编号	项目名称、规格	单位	数　量	单价/元	合计/元
1	直接费	元			2330.34
1.1	人工费	元			806.94
	工长	工时	6.40	5.40	34.56
	中级工	工时	23.00	4.36	100.28
	初级工	工时	289.70	2.32	672.10
1.2	材料费	元			620.01

（续）

施工方法:机械开采块石

编号	项目名称、规格	单位	数　量	单价/元	合计/元
	合金钻头	个	2.57	45.00	115.65
	炸药	kg	41.13	7.00	287.91
	雷管	个	35.15	1.00	35.15
	导线火线	m	100.43	1.00	100.43
	其他材料费	%	15.00	539.14	80.87
1.3	机械使用费	元			903.39
	风钻手持式	台时	13.17	34.99	460.82
	推土机 88kW	台时	3.01	119.75	360.45
	其他机械费	%	10.00	821.27	82.13
2	施工管理费	%	18.00	2330.34	419.46
3	利润	%	7.00	2749.80	192.49
4	税金	%	3.22	2942.29	94.74
	合计	元			3037.03
	单价	元			30.37

表 3-9　工程单价计算表

工程:块石开挖　　　　　　　单价编号:500102001001　　　　　　　定额单位:100m³ 成品堆方

施工方法:人工装 8t 自卸汽车运块石

编号	项目名称、规格	单位	数　量	单价/元	合计/元
1	直接费	元			1767.38
1.1	人工费	元			341.04
	初级工	工时	147.00	2.32	341.04
1.2	材料费				17.50
	零星材料费	%	1.00	1749.88	17.50
1.3	机械使用费	元			1408.84
	自卸汽车 8t	台时	16.83	83.71	1408.84
2	施工管理费	%	18.00	1767.38	318.13
3	利润	%	7.00	2085.51	145.99
4	税金	%	3.22	2231.50	71.85
	合计	元			2303.35
	单价	元			23.03

表 3-10 建筑工程单价表

工程:干砌块石   单价编号:500105001001   定额单位:100m³ 成品堆方

施工方法:干砌块石

编号	项目名称、规格	单位	数量	单价/元	合计/元
1	直接费	元			7087.95
1.1	人工费	元			1706.62
	工长	工时	11.3	5.40	61.02
	中级工	工时	173.9	4.36	758.20
	初级工	工时	382.5	2.32	887.40
1.2	材料费	元			5310.86
	块石	m³	116	45.33	5258.28
	其他材料费	%	1	5258.28	52.58
1.3	机械使用费	元			70.47
	胶轮车	台时	78.3	0.90	70.47
2	施工管理费	%	18	7087.95	1275.83
3	利润	%	7.00	8363.78	585.46
4	税金	%	3.22	8949.24	288.17
	合计	元			9237.41
	单价	元			92.37

第4章 混凝土工程

例9 某重力坝溢流面预算单价

某水电站重力坝剖面图如图4-1所示。该电站拦河坝为混凝土重力坝,由溢流坝段、非溢流坝段、发电厂房坝段组成,全部采用混凝土现场浇筑而成。混凝土等级强度为C20三级配掺粉煤灰混凝土,水灰比为0.55,水泥强度为32.5(R),水泥取代率为15%,粉煤灰取代系数为1.3。采用0.4m³拌和机拌制混凝土,采用自卸汽车运送混凝土,运距为1.5km。计算该电站溢流坝溢流面的混凝土预算单价。

已知:(1)各种人工、材料预算价格和机械台时费见表4-1、表4-2、表4-3。

(2)取费标准:其他直接费费率2.5%,直接经费费率8%,间接费费率5%,企业利润率7%,税率3.22%。

【解】 一、计算掺粉煤灰混凝土中材料单价,计算过程见表4-1

(1)计算掺粉煤灰混凝土水泥用量。

查《预算定额》附录7-9,C20三级配纯混凝土配合比材料预算用量为:$32.5^{\#}$水泥 $C_0 = 190\text{kg}$,粗砂 $S_0 = 589\text{kg}$,卵石 $G_0 = 1623\text{kg}$,水 $W_0 = 0.125\text{m}^3$,则:

$C = 190 \times (1 - 15\%) = 161.50\text{kg}$

(2)计算粉煤灰掺量。

$F = 1.3 \times (190 - 161.50) = 37.05\text{kg}$

(3)计算砂、石用量。

$\triangle C = 161.50 + 37.05 - 190 = 8.55\text{kg}$

$S = 589 - 8.55 \times 589/(589 + 1623) = 586.72\text{kg}(折合 0.398\text{m}^3)$

$G = 1623 - 8.55 \times 1623/(589 + 1623) = 1616.73\text{kg}(折合 0.956\text{m}^3)$

(4)计算用水量。

$W = W_0 = 0.125\text{m}^3$

(5)计算外加剂用量。

$Y = 161.50 \times 0.2\% = 0.32\text{kg}$

表4-1 掺粉煤灰混凝土材料单价计算表

材料名称	单 位	材料用量	材料预算单价/元	合计/元
粉煤灰	kg	37.05	9.00	333.45
水泥(32.5#)	t	0.162	295.00	47.79
粗砂	m³	0.398	38.00	15.12
卵石	m³	0.956	45.00	43.02
水	m³	0.125	0.80	0.10
外加剂	kg	0.32	12.00	3.84
混凝土材料单价(元/m³)				443.32

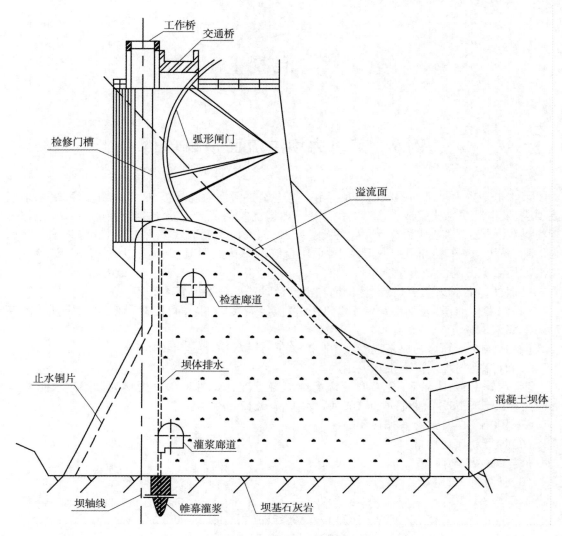

图 4-1　某水电站重力坝剖面图

二、计算混凝土拌制直接费,计算过程见表 4-2

表 4-2　混凝土拌制单价计算表

定额编号:40134　　　　　　　　0.4m³混凝土拌和机拌制混凝土　　　　　　　　定额单位:100m³

项　　目	单　位	数　　量	单价/元	合计/元
中级工	工时	122.50	5.40	661.50
初级工	工时	162.40	2.85	462.84
零星材料费	%	2.00		32.08
搅拌机	台时	18.00	22.49	404.82
胶轮车	台时	83.00	0.90	74.70
合计	元			1635.94

三、计算混凝土运输直接费,计算过程见表 4-3

表 4-3　混凝土运输单价计算表

工程:5t 自卸汽车运送混凝土　　　　定额编号:40167、40170　　　　定额单位:100m³

项目	单位	数量	单价/元	合计/元
中级工	工时	13.80	5.40	74.52
初级工	工时	7.40	2.85	21.09
零星材料费	%	5.00		328.26
自卸汽车 5t	台时	17.55	59.27	1040.19
合计	元			1464.06

四、计算综合系数

K = (1 + 2.5%) × (1 + 5%) × (1 + 7%) × (1 + 3.22%) = 1.2814

五、计算混凝土溢流面的预算单价,计算过程见表 4-4

工程预算单价为 51294.51 × 1.2814/100 = 357.29(元/m³)

表 4-4　建筑工程单价表

工程:混凝土溢流面工程　　　　定额编号:40057　　　　定额单位:100m³

项目	单位	数量	单价/元	合计/元
工长	工时	11.30	9.45	106.79
高级工	工时	18.90	6.30	119.07
中级工	工时	199.90	5.40	1079.46
初级工	工时	147.10	2.85	419.24
掺粉煤灰混凝土	m³	103.00	443.32	45661.96
水	m³	120.00	0.80	96.00
其他材料费	%	1.00		457.58
振动器 1.1kW	台时	23.50	2.10	49.35
风水枪	台时	13.60	7.36	100.10
其他机械费	%	8.00		11.96
混凝土拌制	m³	103.00	16.36	1685.08
混凝土运输	m³	103.00	14.64	1507.92
合计	元			51294.51

例 10　某开关站断路器基础详图

高压断路器在高压电路中起控制作用,是高压电路中的重要电器元件之一。断路器用于在正常运行时接通或断开电路,故障情况在继电保护装置的作用下迅速断开电路,特殊情况(如自动重合到故障线路上时)下可靠地接通短路电流。高压断路器是在正常或故障情况下接通或断开高压电路的专用电器,不仅可以切断或闭合高压电路中的空载电流和负荷电流,而且当系统发生故障时通过继电器保护装置的作用,切断过负荷电流和短路电流,它具有相当完善的灭弧结构和足够的断流能力。

　　某一水电站配套在其附近建立一个开关站,断路器基础设计如图 4-2 ~ 图 4-5 所示。土质为Ⅲ类土,断路器基础采用 C25 混凝土砌筑,混凝土采用搅拌机拌制,胶轮车运混凝土。试对本工程进行预算设计。

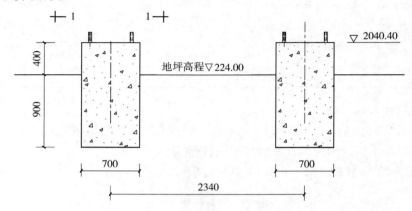

图 4-2　单组断路器基础立面图

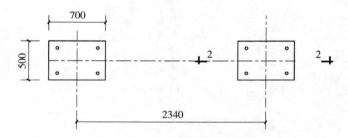

图 4-3　单组断路器基础平面图

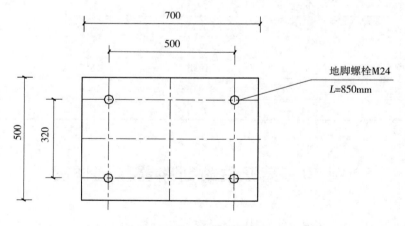

图 4-4　单组断路器平面图

【解】　一、清单工程量

清单工程量计算规则:清单工程量依据施工图纸计算所得工程量乘以系数 1.0。

土方工程

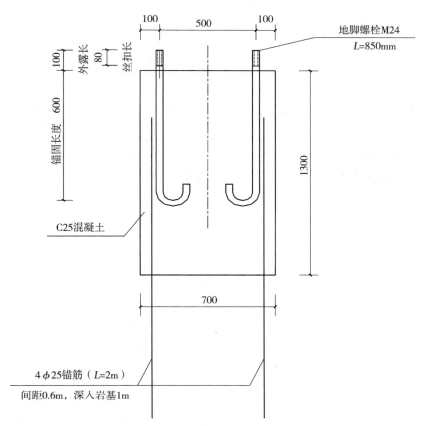

材料表

编号	规格	形式/mm	单根长/mm	数量	单重/kg	总重/kg
锚筋	φ25	2000	2000	4	7.7	30.8
螺栓	M24		850	4	3.0	12.1

说明:1.基础混凝土 C25;钢筋为 HPB235、HRB335;钢材为 Q235 钢;焊条 T42;焊缝高度 8mm,各连接处均满焊。

2.图中尺寸高程标注以 m 计,其余均以毫米计。

3.开关站断路器基础共有 9 组 18 个,参见电气布置图 NNS－Y－3－01×1~0.3×1,以及基础布置图 NNS－H6－1－1~3。

图 4-5　单组断路器 1－1 剖面图

基础土方开挖(见图 4-2、图 4-3)

清单工程量 $= 0.9 \times 0.7 \times 0.5 \times 2 \mathrm{m}^3 = 0.63 \mathrm{m}^3$

【注释】　0.9——断路器基础埋置深度;

0.7——断路器基础长度;

0.5——断路器基础宽度;

2——断路器基础个数。

2. 混凝土工程(见图 4-2)

(1)C25 混凝土断路器基础

清单工程量 = $(0.9+0.4) \times 0.7 \times 0.5 \times 2 m^3 = 0.91 m^3$

【注释】 $(0.9+0.4)$——断路器基础高度;

0.7——断路器基础长度;

0.5——断路器基础宽度;

2——断路器基础个数。

(2)钢筋加工及安装(见图 4-4、图 4-5)

C25 混凝土断路器基础锚筋清单工程量 = $2 \times 4 \times 3.853 \times 2 kg = 61.65 kg$

【注释】 2——基础锚筋长度;

4——基础锚筋个数;

3.853——直径 25mm 的钢筋单位长度质量;

2——基础个数。

3. 设备及安装

该项工程安装一套断路器,附属构件如表 4-5 所示。

表 4-5 单个基础所需零件个数

名 称	单 位	数 量
螺栓 M24(长 850mm)	个	4
垫圈	个	4 * 1
螺帽	个	4 * 2

该断路器基础建筑及安装工程清单工程量计算表见表 4-6。

表 4-6 工程量清单计算表

序号	项目编码	项目名称	计量单位	工程量
1		建筑工程		
1.1	500101	土方工程		
1.1.1	500101005001	基础土方开挖	m³	0.63
1.2	500109	混凝土工程		
1.2.1	500109001001	C25 混凝土断路器基础	m³	0.91
1.3	500111	钢筋、钢构件加工及安装工程		
1.3.1	500111001001	钢筋加工及安装	kg	61.65
2	500201	金属结构及安装工程		
2.1	500201022001	断路器的安装	台	1

二、定额工程量(套用《水利建筑工程预算定额》中华人民共和国水利部)

1. 土方开挖工程

(1)基础土方开挖——人工挖倒柱坑土方Ⅲ类土

定额工程量 = $0.9 \times 0.7 \times 0.5 \times 2 m^3 = 0.63 m^3$

挖土、修底、将土倒运至坑边 0.5m 以外。

套用定额编号 10075,定额单位:100m³。

2. 混凝土工程

(1)C25 混凝土断路器基础——其他混凝土

定额工程量 = (0.9 + 0.4) × 0.7 × 0.5 × 2m³ = 0.91m³

适用范围:基础,包括排架基础、一般设备基础等。

套用定额编号 40099,定额单位:100m³。

①0.4m³ 搅拌机拌制混凝土

定额工程量 = 0.91m³ = 0.0091(100m³)

工作内容:场内配送水泥、骨料、投料、加水、加外加剂、搅拌、出料、清洗。

套用定额 40134,定额单位:100m³。

②胶轮车运混凝土

定额工程量 = 0.91m³ = 0.0091(100m³)

工作内容:装、运、卸、清洗。

套用定额编号 40143,定额单位:100m³。

3. 钢筋加工及安装

钢筋制作及安装

定额工程量 = 2 × 4 × 3.853 × 2kg = 61.65kg

适用范围:水工建筑物各部位及预制构件。

工作内容:回直、除锈、切断、弯制、焊接、绑扎及加工场至施工场地运输。

套用定额编号 40289,定额单位:1t。

4. 金属结构安装

断路器(10 ~ 20kV)

定额工程量 = 1 台

套用定额编号 07009,定额单位:1 台

分类分项工程工程量清单计价表,见表4-7。

表 4-7　分类分项工程工程量清单计价表

序号	项目编码	项目名称	计量单位	工程量	单价/元	合计/元
1		建筑工程				
1.1	500101	土方工程				
1.1.1	500101005001	基础土方开挖	m³	0.63	9.56	6.02
1.2	500109	混凝土工程				
1.2.1	500109001001	C25 混凝土断路器基础	m³	0.91	421.14	383.24
1.3	500111	钢筋、钢构件加工及安装工程				
1.3.1	500111001001	钢筋加工及安装	kg	61.65	7.68	473.66
2	500201	金属结构及安装工程				
2.1	500201022001	断路器的安装	台	1	1069.72	1069.72
		合　　计				1932.64

表4-8　工程单价汇总表

序号	项目编码	项目名称	计量单位	人工费	材料费	机械费	施工管理费和利润	税金
1		建筑工程						
1.1	500101	土方工程						
1.1.1	500101005001	基础土方开挖	100m³	697.70	13.95	0.00	213.80	30.35
1.2	500109	混凝土工程						
1.2.1	500109001001	C25混凝土断路器基础	100m³	3107.87	24796.35	3350.07	9508.85	1351.7
1.3	500111	钢筋、钢构件加工及安装工程						
1.3.1	500111001001	钢筋加工及安装	t	550.65	4854.36	315.47	1718.57	244.00
2		金属结构及安装工程						
2.1	500201022001	断路器的安装	台	147.00	107.61	179.53	601.61	33.97

表4-9　工程量清单综合单价分析

工程名称：某开关站断路器基础工程　　　　　　　　　　　　　　　　第1页　共4页

项目编码	500101005001	项目名称	基础土方开挖工程	计量单位	m³

清单综合单价组成明细

定额编号	定额名称	定额单位	数量	单价 人工费	单价 材料费	单价 机械费	单价 管理费和利润	合价 人工费	合价 材料费	合价 机械费	合价 管理费和利润
10075	人工挖倒柱坑土方	100m³	0.63/0.63=1	697.70	13.95		213.80	697.70	13.95		213.80
	人工单价			小　计				697.70	13.95		213.80
3.04元/工时（初级工）				未计材料费				—			
	清单项目综合单价							925.45			

材料费明细	主要材料名称、规格、型号			单位	数量	单价/元	合价/元	暂估单价/元	暂估合价/元
	其他材料费					—	13.95	—	
	材料费小计					—	13.95	—	

表4-10　工程量清单综合单价分析

工程名称：某开关站断路器基础工程　　　　　　　　　　　　　　　　第2页　共4页

项目编码	500109001001	项目名称	C25混凝土断路器基础	计量单位	m³

清单综合单价组成明细

定额编号	定额名称	定额单位	数量	单价 人工费	单价 材料费	单价 机械费	单价 管理费和利润	合价 人工费	合价 材料费	合价 机械费	合价 管理费和利润
40134	搅拌机拌制混凝土	100m³	0.91/0.91=1	1183.07	69.85	2309.21	1070.15	1183.07	69.85	2309.21	1070.15
40143	胶轮车运混凝土	100m³	0.91/0.91=1	226.37	16.61	50.40	88.13	226.37	16.61	50.40	88.13

（续）

定额编号	定额名称	定额单位	数量	单价				合价			
				人工费	材料费	机械费	管理费和利润	人工费	材料费	机械费	管理费和利润
40099	其他混凝土	100m³	0.91/0.91=1	1698.43	24709.89	990.46	8350.57	1698.43	24709.89	990.46	8350.57
人工单价			小 计					3107.87	24796.35	3350.07	9508.85

人工单价	未计材料费	
3.04元/工时（初级工）		
5.62元/工时（中级工）		—
6.61元/工时（高级工）		
7.11元/工时（工长）		

清单项目综合单价		40763.14

材料费明细	主要材料名称、规格、型号	单位	数量	单价/元	合价/元	暂估单价/元	暂估合价/元
	混凝土 C25	m³	103	234.98	24202.94		
	水	m³	120	0.19	22.80		
	其他材料费			—	570.61	—	
	材料费小计			—	24796.35		

表 4-11　工程量清单综合单价分析

工程名称：某开关站断路器基础工程　　　　　　　　　　　第3页　共4页

项目编码	500111001001	项目名称	钢筋加工及安装	计量单位	t

清单综合单价组成明细

定额编号	定额名称	定额单位	数量	单价				合价			
				人工费	材料费	机械费	管理费和利润	人工费	材料费	机械费	管理费和利润
40289	钢筋制作与安装	1t	61.65/61.65=1	550.65	4854.36	315.47	1718.57	550.65	4854.36	315.47	1718.57
人工单价			小 计					550.65	4854.36	315.47	1718.57

人工单价	未计材料费	
3.04元/工时（初级工）		
5.62元/工时（中级工）		—
6.61元/工时（高级工）		
7.11元/工时（工长）		

清单项目综合单价		7439.05

材料费明细	主要材料名称、规格、型号	单位	数量	单价/元	合价/元	暂估单价/元	暂估合价/元
	钢筋	t	1.02	4644.48	4737.37		
	铁丝	kg	4.00	5.50	22.00		
	电焊条	kg	7.22	6.50	46.93		
	其他材料费			—	48.06	—	
	材料费小计			—	4854.36		

表4-12　工程量清单综合单价分析

工程名称:某开关站断路器基础工程　　　　　　　　　　　　　　第4页　共4页

项目编码	500201022001		项目名称		安装工程		计量单位		组(台)

清单综合单价组成明细

定额编号	定额名称	定额单位	数量	单价				合价			
				人工费	材料费	机械费	管理费和利润	人工费	材料费	机械费	管理费和利润
07009	断路器	组(台)	1/1=1	147.00	107.61	179.53	601.61	147.00	107.61	179.53	601.61
	人工单价			小　计				147.00	107.61	179.53	601.61

人工单价		
3.04元/工时(初级工)	未计材料费	—
5.62元/工时(中级工)		
6.61元/工时(高级工)		
7.11元/工时(工长)		

清单项目综合单价					1038.00		

	主要材料名称、规格、型号	单位	数量	单价/元	合价/元	暂估单价/元	暂估合价/元
材料费明细	镀锌扁钢	kg	3	5.00	15.00		
	垫铁	kg	1.5	5.50	8.25		
	镀锌螺栓　M16×60	套	4.1	15.24	62.48		
	除锈漆	kg	0.2	10.00	2.00		
	调和漆	kg	0.1	10.00	1.00		
	汽油　70#	kg	0.5	9.68	4.84		
	电焊条	kg	0.3	6.50	1.95		
	其他材料费			—	12.09	—	
	材料费小计			—	107.61	—	

表4-13　水利建筑工程预算单价计算表

工程名称:基础土方开挖工程

人工挖倒柱坑土方

定额编号	水利部:10075		单价号	500101005001	单位:100m³

Ⅲ类土、上口面积小于5m²

工作内容:挖土、修底、将土倒运至坑边0.5m以外

编号	名称及规格	单位	数量	单价/元	合计/元
一	直接工程费				793.49
1	直接费				711.65
(1)	人工费				697.70
	工长	工时	4.5	7.11	31.97
	初级工	工时	218.8	3.04	665.72
(2)	材料费				13.95
	零星材料费	%	2	697.70	13.95
(3)	机械费				0.00
2	其他直接费		711.65	2.50%	17.79

（续）

编号	名称及规格	单位	数量	单价/元	合计/元
3	现场经费		711.65	9.00%	64.05
二	间接费		793.49	9.00%	71.41
三	企业利润		864.90	7.00%	60.54
四	税金		925.45	3.284%	30.39
五	其他				
六	合计				955.84

表 4-14　水利建筑工程预算单价计算表

工程名称：C25 混凝土断路器基础

其他混凝土

定额编号	水利部：40099		单价号	500109001001	单位：100m³

适用范围：基础，包括排架基础、一般设备基础等

编号	名称及规格	单位	数量	单价/元	合计/元
一	直接工程费				30992.42
1	直接费				27795.89
（1）	人工费				1698.43
	工长	工时	10.9	7.11	77.45
	高级工	工时	18.1	6.61	119.67
	中级工	工时	188.5	5.62	1060.14
	初级工	工时	145.0	3.04	441.18
（2）	材料费				24709.89
	混凝土 C25	m³	103	234.98	24203.01
	水	m³	120	0.19	22.37
	其他材料费	%	2.0	24225.38	484.51
（3）	机械费				990.46
	振动器 1.1kW	台时	20.00	2.27	45.33
	风水枪	台时	26.00	32.89	855.10
	其他机械费	%	10.00	900.42	90.04
（4）	嵌套项				397.12
	混凝土拌制	m³	103	3.56	366.90
	混凝土运输	m³	103	0.29	30.22
2	其他直接费		27795.89	2.50%	694.90
3	现场经费		27795.89	9.00%	2501.63
二	间接费		30992.42	9.00%	2789.32
三	企业利润		33781.74	7.00%	2364.72
四	税金		36146.46	3.284%	1187.05

（续）

编号	名称及规格	单　位	数　量	单价/元	合计/元
五	其他				
六	合计				37333.51

表 4-15　水利建筑工程预算单价计算表

工程名称：C25 混凝土断路器基础

搅拌机拌制混凝土					
定额编号	水利部：40134		单价号	500109001001	单位：100m³

工作内容：场内配运水泥、骨料，投料、加水、加外加剂、搅拌、出料、清洗

编号	名称及规格	单　位	数　量	单价/元	合计/元
一	直接工程费				3971.76
1	直接费				3562.12
(1)	人工费				1183.07
	中级工	工时	122.5	5.62	688.95
	初级工	工时	162.4	3.04	494.12
(2)	材料费				69.85
	零星材料费	%	2.0	3492.27	69.85
(3)	机械费				2309.21
	搅拌机 0.4m³	台时	18.00	42.23	760.13
	风水枪	台时	83.00	18.66	1549.08
2	其他直接费	3562.12		2.50%	89.05
3	现场经费	3562.12		9.00%	320.59
二	间接费	3971.76		9.00%	357.46
三	企业利润	4329.22		7.00%	303.05
四	税金	4632.27		3.284%	152.12
五	其他				
六	合计				4784.39

表 4-16　水利建筑工程预算单价计算表

工程名称：C25 混凝土断路器基础

胶轮车运混凝土					
定额编号	水利部：40143		单价号	500109001001	单位：100m³

工作内容：装、运、卸、清洗

编号	名称及规格	单　位	数　量	单价/元	合计/元
一	直接工程费				327.11
1	直接费				293.38
(1)	人工费				226.37
	初级工	工时	74.4	3.04	226.37

（续）

编号	名称及规格	单位	数量	单价/元	合计/元
（2）	材料费				16.61
	零星材料费	%	6.0	276.77	16.61
（3）	机械费				50.40
	胶轮车	台时	56.00	0.90	50.40
2	其他直接费	293.38	2.50%		7.33
3、	现场经费	293.38	9.00%		26.40
二	间接费	327.11	9.00%		29.44
三	企业利润	356.55	7.00%		24.96
四	税金	381.51	3.284%		12.53
五	其他				
六	合计				394.04

表 4-17　水利建筑工程预算单价计算表

工程名称：钢筋加工及安装

钢筋制作与安装					
定额编号	水利部：400289		单价号	500111001001	单位：1t
适用范围：水工建筑物各部位及预制构件					
工作内容：回直、除锈、切断、弯制、焊接、绑扎及加工场至施工场地运输					
编号	名称及规格	单位	数量	单价/元	合计/元
一	直接工程费				6378.33
1	直接费				5720.47
（1）	人工费				550.65
	工长	工时	10.3	7.11	73.18
	高级工	工时	28.8	6.61	190.41
	中级工	工时	36.0	5.62	202.47
	初级工	工时	27.8	3.04	84.58
（2）	材料费				4854.36
	钢筋	t	1.02	4644.48	4737.37
	铁丝	kg	4.00	5.50	22.00
	电焊条	kg	7.22	6.50	46.93
	其他材料费	%	1.0	4806.30	48.06
（3）	机械费				315.47
	钢筋调直机 14kW	台时	0.60	18.58	11.15
	风砂枪	台时	1.50	32.89	49.33
	钢筋切断机 20kW	台时	0.40	26.10	10.44
	钢筋弯曲机 φ6～40	台时	1.05	14.98	15.73
	电焊机 25kVA	台时	10.00	13.88	138.84
	对焊机 150 型	台时	0.40	86.90	34.76
	载重汽车 5t	台时	0.45	95.61	43.02
	塔式起重机 10t	台时	0.10	109.86	10.99

（续）

编号	名称及规格	单 位	数 量	单价/元	合计/元
	其他机械费	%	2	60.48	1.21
2	其他直接费		5720.47	2.50%	143.01
3	现场经费		5720.47	9.00%	514.84
二	间接费		6378.33	9.00%	574.05
三	企业利润		6952.38	7.00%	486.67
四	税金		7439.04	3.284%	244.30
五	其他				
六	合计				7683.34

表 4-18　水利建筑工程预算单价计算表

工程名称：安装工程

		断路器（10~20kV）			
定额编号	水利部：07009		单价号	500102002001	单位：组（台）
编号	名称及规格	单 位	数 量	单价/元	合计/元
一	直接工程费				646.73
1	直接费				436.39
（1）	人工费				147.00
	工长	工时	1.6	7.11	11.37
	高级工	工时	7.8	6.61	51.57
	中级工	工时	13.0	5.62	73.11
	初级工	工时	3.6	3.04	10.95
（2）	材料费				109.85
	镀锌扁钢	kg	3	5.00	15.00
	垫铁	kg	1.5	5.50	8.25
	镀锌螺栓 M16×60	套	4.1	15.24	62.48
	除锈漆	kg	0.2	10.00	2.00
	调和漆	kg	0.1	10.00	1.00
	汽油 70#	kg	0.5	9.68	4.84
	电焊条	kg	0.3	6.50	1.95
	其他材料费	%	15	95.52	14.33
（3）	机械费				179.53
	汽车起重机 5t	台时	0.5	96.65	48.32
	载重汽车 5t	台时	1.1	95.61	105.17
	电焊机 20~30kVA	台时	0.7	13.88	9.72
	其他机械费	%	10	163.21	16.32
2	其他直接费		436.39	3.20%	13.96
3	现场经费		436.39	45.00%	196.37
二	间接费		646.73	50.00%	323.36
三	企业利润		970.09	7.00%	67.91
四	税金		1038.00	3.284%	34.09
五	其他				
六	合计				1072.08

表4-19 人工费基本数据表

项目名称	单 位	工 长	高级工	中级工	初级工
基本工资标准	元/月	550.00	500.00	400.00	270.00
地区工资系数		1.0000	1.0000	1.0000	1.0000
地区津贴标准	元/月	0.00	0.00	0.00	0.00
夜餐津贴比率	%	30.00	30.00	30.00	30.00
施工津贴标准	元/天	5.30	5.30	5.30	2.65
养老保险费率	%	20.00	20.00	20.00	10.00
住房公积金费率	%	5.00	5.00	5.00	2.50
工时单价	元/时	7.11	6.61	5.62	3.04

表4-20 材料费基本数据表

名称及规格		钢筋	水泥 32.5#	汽油	柴油	砂(中砂)	石子(碎石)	块石
单位		t	t	t	t	m³	m³	m³
单位毛重/t		1	1	1	1	1.55	1.45	1.7
每吨每公里运费/元		0.70	0.70	0.70	0.70	0.70	0.70	0.70
价格/元(卸车费和保管费按照郑州市造价信息提供的价格计算)	原价	4500	330	9390	8540	110	50	50
	运距	6	6	6	6	6	6	6
	卸车费	5	5			5	5	5
	运杂费	9.20	9.20	4.20	4.20	14.26	13.34	15.64
	保管费	135.28	10.18	281.83	256.33	3.73	1.90	1.97
	运到工地分仓库价格/t	4509.20	339.20	9394.20	8544.20	124.26	63.34	65.64
	保险费							
	预算价/元	4644.48	349.38	9676.03	8800.53	127.99	65.24	67.61

表4-21 混凝土单价计算基本数据表

混凝土材料单价计算表单位:m³

单价/元	混凝土标号	水泥强度等级	级配	预算量			
				水泥/kg	砂/m³	石子/m³	水/m³
234.98	C25	42.5	1	353	0.50	0.73	0.170

表4-22 机械台时费单价计算基本数据表

名称及规格	台时费	折旧费	修理费	安拆费	人工费	动力燃料费
振捣器插入式 1.1kW	2.27	0.32	1.22		0.00	0.73
风(砂)水枪 6m³/min	32.89	0.24	0.42		0.00	32.23
钢筋切断机 20kW	26.10	1.18	1.71	0.28	7.31	15.62
载重汽车 5t	95.61	7.77	10.86		7.31	69.67

（续）

名称及规格	台时费	折旧费	修理费	安拆费	人工费	动力燃料费
电焊机交流 25kVA	13.88	0.33	0.30	0.09	0.00	13.16
钢筋调直机 4 ~ 14kW	18.58	1.60	2.69	0.44	7.31	6.54
钢筋弯曲机 $\phi6 - 40$	14.98	0.53	1.45	0.24	7.31	5.45
对焊机电弧型 150kVA	86.90	1.69	2.56	0.76	7.31	74.58
电焊机 20kW	19.87	0.94	0.60	0.17	0.00	18.16
振捣器 1.5kW	3.31	0.51	1.80		0.00	1.00

例 11   某混凝土重力坝工程

某混凝土重力坝立面图和剖视图如图 4-6 和图 4-7 所示。该重力坝由混凝土现场浇筑而成。大坝跨度为 170m，高度为 32m，坝内高程 77m 上布置一条灌浆廊道，用来向坝基灌注水泥浆；在距上游坝面 2m 处设一排排水孔，用来坝身排水；坝段分缝中设有止水铜片（共 4 处），缝宽 0.3m，由接缝砂浆填筑，基层清理的土壤类别为 Ⅲ 类土。试编制该重力坝坝体预算价格。

已知：（1）坝基基座混凝土为坦石混凝土 C20，埋碎为 5%，水泥强度等级为 32.5，水灰比 0.55，二级配坝身混凝土为掺外加剂的 C25 混凝土，水泥强度等级为 32.5，水灰比 0.50，二级配；

（2）清基采用 74kW 推土机推土，推土距离为 100m，弃渣用人工装土 5t 自卸汽车运至 1km 的弃渣场堆放；

（3）岸边岩石为 Ⅹ 级，岩石开挖为一般坡面石方开挖，石渣用 2m³ 装载机装渣，8t 自卸汽车运输、运距 1km；

（4）坝基座为埋石混凝土 C20，坝体混凝土为 C25 级混凝土，浇筑用混凝土及灌缝水泥砂浆均采用 0.4m³ 搅拌机拌制，搅拌车运输运距均为 1km，坝基座与坝体均采用机械化的施工方式浇筑混凝土；

（5）伸缩缝为沥青油毛毡（一毡三油）；

（6）灌浆廊道的施工采用 30 ~ 50t 钢模板台车；

（7）排水与灌浆孔的施工采用钻机钻孔；

（8）坝基岩石帷幕灌浆法，岩石透水率为 8 ~ 10lu。

【解】 一、清单工程量

清单工程量计算规则：由于工程处于施工图设计阶段，则清单工程量为施工图纸计算所得工程量乘以系数 1.0。

1. 石方开挖

（1）清基

清单工程量 = 170 × 35 × 1 × 1.0 = 5950m³

【注释】   170——重力坝占地面积的长度；

35——重力坝占地面积的跨度；

1——清基的厚度。

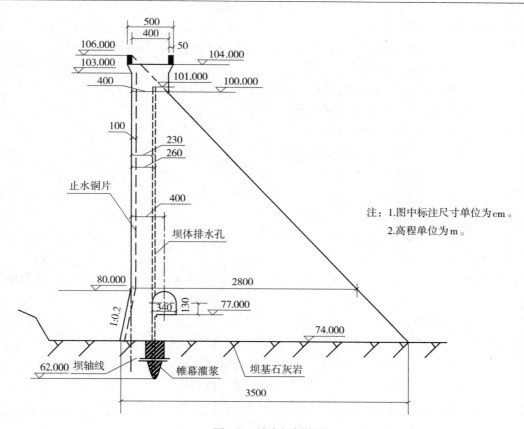

图 4-6 重力坝剖视图

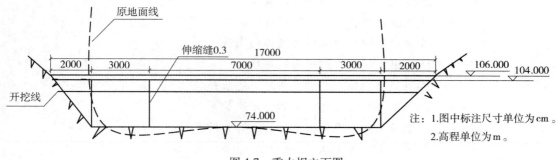

图 4-7 重力坝立面图

（2）岩石开挖

清单工程量 $= (104 - 74) \times 35 \times 20 \times \dfrac{1}{2} \times 2 \times 1.0 = 21000 \mathrm{m}^3$

【注释】　104——坝体顶部高程；

　　　　　74——坝体底部高程；

　　　　　35——坝体跨度；

　　　　　20——开挖岩石的长度；

　　　　　2——坝体两侧开挖岩石。

2. 混凝土工程

（1）基座埋石混凝土 C20

清单工程量 $= [(28+35) \times 6/2 \times 170 - (\pi \times 1.7^2/2 + 3.4 \times 1.3) \times 170] \times 1.0$

　　　　　　 $= 30607.26 \text{m}^3$

【注释】　28——基座混凝土的上底长度；

　　　　　35——基座混凝土的下底长度；

　　　　　　6——基座混凝土的高度；

　　　　170——基座混凝土的跨度；

　　　　1.7——灌浆廊道圆拱半径；

　　　　3.4——灌浆廊道的宽度；

　　　　1.3——灌浆廊道直墙的高度；

　　　　170——灌浆廊道的跨度。

（2）坝体混凝土 C25

清单工程量 $= [(4+28) \times (100-80)/2 \times 170 + 4 \times (103-100) \times 170 + (4+5) \times (104-$

　　　　　 $103)/2 \times 170] \times 1.0$

　　　　　　 $= 57205 \text{m}^3$

【注释】　　4——C25 混凝土坝体下部梯形体的上边长；

　　　　　28——C25 混凝土坝体下部梯形体的底边长；

　　　　100——C25 混凝土坝体下部梯形体上边长的高程；

　　　　　80——C25 混凝土坝体下部梯形体底边长的高程；

　　　　170——C25 混凝土坝体下部梯形体的跨度；

　　　　　4——C25 混凝土坝体中间矩形的长度；

　　　　103——C25 混凝土坝体中间矩形顶部的高程；

　　　　100——C25 混凝土坝体中间矩形底部的高程；

　　　　170——C25 混凝土坝体中间矩形的跨度；

　　　　　4——C25 混凝土坝体上部梯形体的下边长；

　　　　　5——C25 混凝土坝体上部梯形体的上边长；

　　　　104——C25 混凝土坝体上部梯形体的上边长的高程；

　　　　103——C25 混凝土坝体上部梯形体的下边长的高程；

　　　　170——C25 混凝土坝体上部梯形体的跨度。

（3）铜止水

清单工程量 $= [\sqrt{6^2 + 1.2^2} + (103-80)] \times 4 \times 1.0 = 116.48 \text{m}$

【注释】　$\sqrt{6^2+1.2^2}$——C20 混凝土坝体段的铜片的长度；

　　　　103——铜止水顶部高程；

　　　　　80——铜止水在 C25 混凝土坝体段的底部高程；

　　　　　4——重力坝的 4 个坝段均设有铜止水。

（4）伸缩缝

清单工程量 $= [(28+35) \times (80-74)/2 + (4+28) \times (100-80)/2 + 4 \times (103-100) +$

$$(4+5)\times(104-103)/2]\times4\times1.0$$
$$=2102m^2$$

【注释】　28——C20 混凝土坝段伸缩缝的上底边长;

　　　　　35——C20 混凝土坝段伸缩缝的下底边长;

　　　　　80——C20 混凝土坝段伸缩缝上底的高程;

　　　　　74——C20 混凝土坝段伸缩缝下底的高程;

　　　　　 4——C25 梯形混凝土坝段伸缩缝上底边长;

　　　　　28——C25 梯形混凝土坝段伸缩缝下底边长;

　　　　100——C25 梯形混凝土坝段伸缩缝上底边的高程;

　　　　　80——C25 梯形混凝土坝段伸缩缝下底边的高程;

　　　　　 4——C25 矩形混凝土坝段伸缩缝的边长;

　　　　103——C25 矩形混凝土坝段伸缩缝上底边的高程;

　　　　100——C25 矩形混凝土坝段伸缩缝下底边的高程;

　　　　　 4——C25 上部梯形混凝土坝段伸缩缝的下底边的长度;

　　　　　 5——C25 上部梯形混凝土坝段伸缩缝的上底边的长度;

　　　　104——C25 上部梯形混凝土坝段伸缩缝上底边的高程;

　　　　103——C25 上部梯形混凝土坝段伸缩缝下底边的高程。

3. 基础处理工程

(1)排水孔钻孔

清单工程量 = $(101-77)\times1.0=24m$

【注释】　101——排水孔顶部高程;

　　　　　77——排水孔底部高程。

(2)灌浆廊道

清单工程量 = $(\pi\times1.7\times170+3.4\times170+1.3\times170\times2)\times1.0=1927.46m^2$

【注释】　1.7——直墙圆拱式灌浆廊道的圆拱半径;

　　　　170——直墙圆拱式灌浆廊道的跨度;

　　　　3.4——直墙圆拱式灌浆廊道的直墙长度;

　　　　170——直墙圆拱式灌浆廊道直墙的跨度;

　　　　1.3——直墙圆拱式灌浆廊道直墙的高度;

　　　　　 2——直墙圆拱式灌浆廊道有两面直墙。

(3)混凝土层钻孔

清单工程量 = $(77-74)\times1.0=3m$

【注释】　77——灌浆孔顶部高程;

　　　　　74——灌浆孔底部高程。

(4)帷幕灌浆

清单工程量 = $(74-62)\times1.0=12m$

【注释】　74——帷幕灌浆顶部高程;

　　　　　62——帷幕灌浆底部高程。

清单工程量计算见表4-23。

表 4-23　工程量清单计算表

工程名称:某混凝土重力坝工程　　　　　　　　　　　　　　　　　　　第 页 共 页

序号	项目编码	项目名称	计量单位	工程量	主要技术条款编码
1		重力坝工程			
1.1		岩石开挖			
1.1.1	500101002001	清基	m³	5950	
1.1.2	500102002001	岩石开挖(两岸削坡)	m³	21000	
1.2		混凝土工程			
1.2.1	500109001001	基座埋石混凝土 C20	m³	30607.26	
1.2.2	500109001002	坝体混凝土 C25	m³	57205	
1.2.3	500109008001	铜止水	m	116.48	
1.2.4	500109009001	伸缩缝	m²	2102	
1.3		基础处理工程			
1.3.1	500107013001	排水孔钻孔(孔径 0.3m)	m	24	
1.3.2	500107011001	灌浆廊道	m²	1927.46	
1.3.3	500107004001	混凝土层钻孔	m	3	
1.3.4	500107005001	帷幕灌浆	m	12	

二、定额工程量(套用《水利建筑工程预算定额》)

1. 清基

(1)74kW 推土机推土

定额工程量 $=170\times35\times1=5950m^3=59.5(100m^3)$

套用定额 10273,定额单位:100m³。

(2)人工装土 5t 自卸汽车运输

定额工程量 $=170\times35\times1=5950m^3=59.5(100m^3)$

套用定额 10252,定额单位:100m³。

2. 岩石开挖

(1)一般坡面石方开挖

定额工程量 $=(104-74)\times35\times20\times\frac{1}{2}\times2=21000m^3=210(100m^3)$

套用定额 20066,定额单位:100m³。

(2)2m³装载机装石渣汽车运输

定额工程量 $=(104-74)\times35\times20\times\frac{1}{2}\times2=21000m^3=210(100m^3)$

套用定额 20484,定额单位:100m³。

3. 基座埋石混凝土 C20

(1)0.4m³搅拌机拌制 C20 混凝土

定额工程量 $=(28+35)\times6/2\times170-(\pi\times1.7^2/2+3.4\times1.3)\times170$
$=30607.26m^3=306.07(100m^3)$

套用定额 40134,定额单位:100m^3。

(2)搅拌车运混凝土 C20

定额工程量 $= (28 + 35) \times 6/2 \times 170 - (\pi \times 1.7^2/2 + 3.4 \times 1.3) \times 170$

$\qquad\qquad = 30607.26\text{m}^3 = 306.07(100\text{m}^3)$

套用定额 40180,定额单位:100m^3。

(3)0.4m^{3}搅拌机拌制水泥砂浆

定额工程量 $= 0.3 \times 6 \times 35 \times 4 = 252\text{m}^3 = 2.52(100\text{m}^3)$

套用定额 40134,定额单位:100m^3。

(4)搅拌车运水泥砂浆

定额工程量 $= 0.3 \times 6 \times 35 \times 4 = 252\text{m}^3 = 2.52(100\text{m}^3)$

套用定额 40180,定额单位:100m^3。

(5)重力坝基座浇筑

定额工程量 $= (28 + 35) \times 6/2 \times 170 - (\pi \times 1.72/2 + 3.4 \times 1.3) \times 170$

$\qquad\qquad = 30607.26\text{m}^3$

$\qquad\qquad = 306.07(100\text{m}^2)$

套用定额 40004,定额单位:100m^3。

4. 坝体混凝土 C25

(1)0.4m^{3}搅拌机拌制 C25 混凝土

定额工程量 $= (4 + 28) \times 20/2 \times 170 + 4 \times 3 \times 170 + (4 + 5) \times 1/2 \times 170$

$\qquad\qquad = 57205\text{m}^3 = 572.05(100\text{m}^3)$

套用定额 40134,定额单位:100m^3。

(2)搅拌车运混凝土

定额工程量 $= (4 + 28) \times 20/2 \times 170 + 4 \times 3 \times 170 + (4 + 5) \times 1/2 \times 170$

$\qquad\qquad = 57205\text{m}^3 = 572.05(100\text{m}^3)$

套用定额 40180,定额单位:100m^3。

(3)0.4m^{3}搅拌机拌制水泥砂浆

定额工程量 $= 0.3 \times 94 \times 35 \times 4 = 3948\text{m}^3 = 39.48(100\text{m}^3)$

套用定额 40134,定额单位:100m^3。

(4)搅拌车运水泥砂浆

定额工程量 $= 0.3 \times 94 \times 35 \times 4 = 3948\text{m}^3 = 39.48(100\text{m}^3)$

套用定额 40180,定额单位:100m^3。

(5)坝体混凝土浇筑

定额工程量 $= (4 + 28) \times 20/2 \times 170 + 4 \times 3 \times 170 + (4 + 5) \times 1/2 \times 170$

$\qquad\qquad = 57205\text{m}^3 = 572.05(100\text{m}^3)$

套用定额 40004,定额单位:100m^3。

5. 铜止水

定额工程量 $= [\sqrt{6^2 + 1.2^2} + (103 - 80)] \times 4 = 116.48\text{m} = 1.17(100\text{ 延长米})$

套用定额 40260,定额单位:100 延长米。

6. 伸缩缝

定额工程量 = $(28+35)×6/2+(4+28)×20/2+4×3+(4+5)×1/2×4$

$= 2102m^2 = 21.02(100m^2)$

套用定额40285，定额单位：100m²。

7. 排水孔钻孔

钻机钻混凝土层排水孔

定额工程量 = $101-77=24m=0.24(100m)$

套用定额70002，定额单位：100m。

8. 灌浆廊道

直墙圆拱形隧洞衬砌钢模台车

定额工程量 = $π×1.7×170+3.4×170+1.3×170×2=1927.46m^2$

$= 19.28(100m^2)$

套用定额50081，定额单位：100m²。

9. 混凝土层钻孔

钻机钻混凝土层灌浆孔——自下而上灌浆法

定额工程量 = $77-74=3m=0.03(100m)$

套用定额70002，定额单位：100m。

10. 帷幕灌浆

坝基岩石层帷幕灌浆——自下而上灌浆法

定额工程量 = $74-62=12m=0.12(100m)$

套用定额70017，定额单位：100m。

注：在廊道或隧洞内进行坝基岩石帷幕灌浆时，人工机械定额乘以1.1的系数。

该重力坝工程分类分项工程量清单与计价见表4-24，工程单价汇总见表4-25，工程单价计算见表4-26～表4-37。

表4-24 分类分项工程量清单计价表

工程名称：某混凝土重力坝工程　　　　　　　　　　　　　　　　　　　　第　页 共　页

序号	项目编码	项目名称	计量单位	工程量	单价/元	合价/元	主要技术条款编码
1		重力坝工程					
1.1		岩石开挖					
1.1.1	500101002001	清基	m³	5950	23.60	140420.00	
1.1.2	500102002001	岩石开挖（两岸削坡）	m³	21000	35.38	742980	
1.2		混凝土工程					
1.2.1	500109001001	基座埋石混凝土 C20	m³	30607.26	271.80	8319053.27	
1.2.2	500109001002	坝体混凝土 C25	m³	57205	287.24	16431564.2	
1.2.3	500109008001	铜止水	m	116.48	493.44	57475.89	
1.2.4	500109009001	伸缩缝	m²	2102	48.18	101274.36	
1.3		基础处理工程					
1.3.1	500107013001	排水孔钻孔（孔径0.3m）	m	24	112.41	2697.84	
1.3.2	500107011001	灌浆廊道	m²	1927.46	102.8	198142.89	

（续）

序号	项目编码	项目名称	计量单位	工程量	单价/元	合价/元	主要技术条款编码
1.3.3	500107004001	混凝土层钻孔	m	3	120.12	360.36	
1.3.4	500107005001	帷幕灌浆	m	12	264.42	3173.04	
			合　　计			25997141.851	

表 4-25　工程单价汇总表

工程名称：某混凝土重力坝工程　　　　　　　　　　　　　　　　　　　　　第　页　共　页

序号	项目编码	项目名称	计量单位	人工费	材料费	机械费	施工管理费和利润	税金	合计
1		重力坝工程							
1.1		岩石开挖							
1.1.1	500101002001	清基	m³	3.86	0.61	13.63	4.76	0.74	23.60
1.1.2	500102002001	岩石开挖(两岸削坡)	m³	5.98	5.22	15.94	7.13	1.10	35.37
1.2		混凝土工程							
1.2.1	500109001001	基座埋石混凝土 C20	m³	5.65	154.38	48.53	54.77	8.48	271.80
1.2.2	500109001002	坝体混凝土 C25	m³	5.65	166.23	48.53	57.88	8.96	287.24
1.2.3	500109008001	铜止水	m	26.54	350.53	1.54	99.43	15.39	493.44
1.2.4	500109009001	伸缩缝	m²	6.28	30.67	0.02	9.71	1.5	48.18
1.3		基础处理工程							
1.3.1	500107013001	排水孔钻孔(孔径0.3m)	m	15.38	27.11	43.78	22.65	3.51	112.43
1.3.2	500107011001	灌浆廊道	m²	7.66	—	71.22	20.71	3.21	102.8
1.3.3	500107004001	混凝土层钻孔	m	16.91	27.11	48.15	24.20	3.74	120.12
1.3.4	500107005001	帷幕灌浆	m	53.14	33.31	116.45	53.28	8.25	264.43

表 4-26　工程单价计算表

工程：清基　　　　　　　单价编号：500101002001　　　　　　　定额单位：100m³

施工方法：74kW 推土机推土

编号	名称及规格	单位	数　量	单价/元	合计/元
1	直接费	元			536.04
1.1	人工费	元			18.00
	初级工	工时	6.00	3.00	18.00
1.2	材料费	元			48.73
	零星材料费	%	10.00	487.31	48.73
1.3	机械费	元			469.31
	推土机 74kW	台时	4.81	97.57	469.31
2	施工管理费	%	18.00	536.04	96.49
3	利润	%	7.00	632.53	44.28
4	税金	%	3.22	676.81	21.79
	合计	元			698.60
	单价	元			6.99

表 4-27　工程单价计算表

工程:清基　　　　　　　　单价编号:500101002001　　　　　　　　定额单位:100m³

施工方法:人工装土,自卸汽车运输

编号	名称及规格	单位	数量	单价/元	合计/元
1	直接费	元			1274.29
1.1	人工费	元			367.50
	初级工	工时	122.50	3.00	367.50
1.2	材料费	元			12.62
	零星材料费	%	1.00	1261.67	12.62
1.3	机械费	元			894.17
	推土机 59kW	台时	0.30	70.41	21.12
	自卸汽车 5t	台时	14.73	59.27	873.05
2	施工管理费	%	18.00	1274.29	229.37
3	利润	%	7.00	1503.66	105.26
4	税金	%	3.22	1608.92	51.81
	合计	元			1660.73
	单价	元			16.61

表 4-28　工程单价计算表

工程:岩石开挖　　　　　　单价编号:500102002001　　　　　　　　定额单位:100m³

施工方法:一般坡面石方开挖

编号	名称及规格	单位	数量	单价/元	合计/元
1	直接费	元			1390.52
1.1	人工费	元			565.78
	工长	工时	3.3	7.03	23.20
	中级工	工时	21.60	5.55	119.88
	初级工	工时	140.90	3.00	422.70
1.2	材料费	元			496.43
	合金钻头	个	1.69	45.00	76.05
	炸药	kg	33.17	7.00	232.19
	雷管	个	30.34	1.00	30.34
	导火线	m	82.12	1.00	82.12
	其他材料费	%	18.00	420.70	75.73
1.3	机械费	元			328.31
	风钻手持式	台时	8.53	34.99	298.46
	其他机械费	%	10.00	298.46	29.85
2	施工管理费	%	18.00	1390.52	250.29
三	利润	%	7.00	1640.81	114.86
四	税金	%	3.22	1755.67	56.53
	合计	元			1812.20
	单价	元			18.12

表 4-29 工程单价计算表

工程：岩石开挖   单价编号：500102002001   定额单位：100m³

施工方法：2m³装载机装石渣汽车运输

编号	名称及规格	单位	数量	单价/元	合计/元
1	直接费	元			1324.28
1.1	人工费	元			32.70
	初级工	工时	10.90	3.00	32.70
1.2	材料费	元			25.97
	零星材料费	%	2.00	1298.31	25.97
1.3	机械费	元			1265.61
	装载机 2m³	台时	2.05	141.92	290.94
	推土机 88kW	台时	1.03	119.75	123.34
	自卸汽车 8t	台时	10.17	83.71	851.33
2	施工管理费	%	18.00	1324.28	238.37
3	利润	%	7.00	1562.65	109.39
4	税金	%	3.22	1672.04	53.84
	合计	元			1725.88
	单价	元			17.26

表 4-30 工程单价计算表

工程：基座埋石混凝土 C20   单价编号：500109001001   定额单位：100m³

施工方法：重力坝基座浇筑

编号	名称及规格	单位	数量	单价/元	合计/元
一	直接费				20855.4
1	直接费	元			16516.01
1.1	人工费	元			565.09
	工长	工时	4.90	7.03	34.45
	高级工	工时	4.90	6.52	31.95
	中级工	工时	61.80	5.55	342.99
	初级工	工时	75.9	3.00	155.70
1.2	材料费	元			15437.51
	混凝土	m³	102.00	145.78	14869.56
	砂浆	m³	1.00	229.25	229.25
	水	m³	45.00	0.80	36.00
	其他材料费	%	2.00	15134.81	302.70
1.3	机械费	元			513.41
	振动器 1.5kW	台时	1.00	3.08	3.08
	变频机组 8.5kVA	台时	0.50	15.92	7.96
	平仓振捣器 40kW	台时	1.16	154.14	178.80
	风水枪	台时	7.10	39.00	276.90
	其他机械费	%	10.00	466.74	46.67
1.4	混凝土拌制	m³	102	16.80	1713.60
1.5	砂浆拌制	m³	1	16.80	16.80

（续）

施工方法:重力坝基座浇筑

编号	名称及规格	单位	数 量	单价/元	合计/元
1.6	混凝土运输	m³	102	25.33	2583.66
1.7	砂浆	m³	1	25.33	25.33
二	施工管理费	%	18.00	20855.4	3753.97
三	利润	%	7.00	24609.37	1722.66
四	税金	%	3.22	26332.03	847.89
	合计	元			27179.92
	单价	元			271.80

表4-31 工程单价计算表

工程:坝体混凝土 C25　　　　单价编号:500109001002　　　　定额单位:100m³

施工方法:坝体混凝土浇筑

编号	名称及规格	单位	数 量	单价/元	合计/元
一	直接费	元			22040.41
1	直接费	元			1494.76
1.1	人工费				565.09
	工长	工时	4.90	7.03	34.45
	高级工	工时	4.90	6.52	31.95
	中级工	工时	61.80	5.55	342.99
	初级工	工时	51.90	3.00	155.70
1.2	材料费	元			16622.52
	混凝土	m³	102.00	157.17	16031.34
	砂浆	m³	1.00	229.25	229.25
	水	m³	45.00	0.80	36.00
	其他材料费	%	2.00	16296.59	325.93
1.3	机械费	元			513.41
	振动器1.5kW	台时	1.00	3.08	3.08
	变频机组8.5kW	台时	0.50	15.92	7.96
	平仓振捣器40kW	台时	1.16	154.14	178.80
	风水枪	台时	7.10	39.00	276.90
	其他机械费	%	10.00	466.74	46.67
1.4	混凝土拌制	m³	102	16.80	1713.60
1.5	砂浆拌制	m³	1	16.80	16.80
1.6	混凝土运输	m³	102	25.33	2583.66
1.7	砂浆运输	m³	1	25.33	25.33
二	施工管理费	%	18.00	22040.41	3967.27
三	利润	%	7.00	26007.68	1820.54
四	税金	%	3.22	27828.22	896.07
	合计	元			28724.29
	单价	元			287.24

注:表中的"混凝土拌制、运输、砂浆拌制"的单价按表4-41～表4-44计算。

表 4-32　工程单价计算表

工程:铜止水　　　　　　　　单价编号:500109008001　　　　　　　　定额单位:100 延长米

施工方法:伸缩缝中铺设紫铜片止水

编号	名称及规格	单位	数　量	单价/元	合计/元
1	直接费	元			37861.96
1.1	人工费	元			2654.25
	工长	工时	25.50	7.03	179.27
	高级工	工时	178.70	6.52	1165.12
	中级工	工时	153.20	5.55	850.26
	初级工	工时	153.20	3.00	459.60
1.2	材料费	元			35053.26
	沥青	t	1.70	2000.00	3400.00
	木材	t	0.57	600.00	342.00
	紫铜片厚1.5mm	kg	561	55.00	30855.00
	铜电焊条	kg	3.12	35.00	109.20
	其他材料费	%	1.00	34706.20	347.06
1.3	机械费	元			154.45
	电焊机25kVA	台时	13.48	10.87	146.53
	胶轮车	台时	8.80	0.90	7.92
2	施工管理费	%	18.00	37861.96	6815.15
3	利润	%	7.00	44677.11	3127.40
4	税金	%	3.22	47804.51	1539.31
	合计	元			49343.82
	单价	元			493.44

表 4-33　工程单价计算表

工程:伸缩缝　　　　　　　　单价编号:500109009001　　　　　　　　定额单位:100m²

施工方法:伸缩缝中铺设紫铜片止水

编号	名称及规格	单位	数　量	单价/元	合计/元
1	直接费	元			3696.57
1.1	人工费	元			627.69
	工长	工时	6.00	7.03	42.18
	高级工	工时	42.20	6.52	275.14
	中级工	工时	36.30	5.55	201.47
	初级工	工时	36.30	3.00	108.90
1.2	材料费	元			3067.37
	油毛毡	m²	115.00	3.00	345.00
	沥青	t	1.22	2000.00	2440.00
	木柴	t	0.42	600.00	252.00
	其他材料费	%	1.00	3037.00	30.37

（续）

施工方法:伸缩缝中铺设紫铜片止水

编号	名称及规格	单位	数　量	单价/元	合计/元
1.3	机械费	元			1.51
	胶轮车	台时	1.68	0.90	1.51
2	施工管理费	%	18.00	3696.57	665.38
3	利润	%	7.00	4361.95	305.34
4	税金	%	3.22	4667.29	150.29
	合计	元			4817.58
	单价	元			48.18

表4-34　工程单价计算表

工程:排水孔钻孔　　　　　　　单价编号:500107013001　　　　　　　定额单位:100m

施工方法:钻机钻混凝土层排水孔

编号	名称及规格	单位	数　量	单价/元	合计/元
1	直接费	元			8625.68
1.1	人工费	元			1537.59
	工长	工时	16.92	7.03	118.95
	高级工	工时	34.78	6.52	226.77
	中级工	工时	121.26	5.55	672.99
	初级工	工时	172.96	3.00	518.88
1.2	材料费	元			2710.55
	金刚石钻头	个	3.00	340.00	1020.00
	扩孔器	个	2.10	180.00	378.00
	岩芯管	m	3.00	70.00	210.00
	钻杆	m	2.60	70.00	182.00
	钻杆接头	个	2.90	30.00	87.00
	水	m³	600.00	0.80	480.00
	其他材料费	%	15.00	2357.00	353.55
1.3	机械费	元			4377.54
	地质钻机300型	台时	98.70	42.24	4169.09
	其他机械费	%	5.00	4169.09	208.45
2	施工管理费	%	18.00	8625.68	1552.62
3	利润	%	7.00	10178.30	712.48
4	税金	%	3.22	10890.78	350.68
	合计	元			11241.46
	单价	元			112.41

表 4-35　工程单价计算表

工程:灌浆廊道　　　　　单价编号:500107011001　　　　　定额单位:100m²

施工方法:直墙圆拱形隧洞衬砌钢模台车

编号	名称及规格	单位	数　量	单价/元	合计/元
1	直接费	元			7887.62
1.1	人工费	元			765.98
	工长	工时	4.10	7.03	28.82
	高级工	工时	52.80	6.52	344.26
	中级工	工时	60.90	5.55	338.00
	初级工	工时	18.30	3.00	54.90
1.2	机械费	元			7121.64
	钢模台车 30~50t	台时	40.01	158.82	6354.39
	载重汽车 15t	台时	0.07	112.39	7.87
	汽车起重机 25t	台时	2.27	178.62	405.47
	电焊机 25kVA	台时	1.36	10.87	14.78
	其他机械费	%	5.00	6782.51	339.13
2	施工管理费	%	18.00	7887.62	1419.77
3	利润	%	7.00	9307.39	651.52
4	税金	%	3.22	9958.91	320.68
	合计	元			10279.59
	单价	元			102.80

表 4-36　工程单价计算表

工程:混凝土层钻孔　　　　　单价编号:500107004001　　　　　定额单位:100m

施工方法:钻机钻混凝土层灌浆孔——自下而上灌浆法

编号	名称及规格	单位	数　量	单价/元	合计/元
1	直接费	元			9217.18
1.1	人工费	元			1691.33
	工长	工时	18.61	7.03	130.83
	高级工	工时	38.26	6.52	249.44
	中级工	工时	133.39	5.55	740.29
	初级工	工时	190.26	3.00	570.77
1.2	材料费	元			2710.55
	金刚石钻头	个	3.00	340.00	1020.00
	扩孔器	个	2.10	180.00	378.00
	岩芯管	m	3.00	70.00	210.00
	钻杆	m	2.60	70.00	182.00
	钻杆接头	个	2.90	30.00	87.00
	水	m³	600.00	0.80	480.00
	其他材料费	%	15.00	2357.00	353.55

（续）

编号	名称及规格	单位	数 量	单价/元	合计/元
1.3	机械费	元			4815.30
	地质钻机300型	台时	108.57	42.24	4586.00
	其他机械费	%	5.00	4586.00	229.30
2	施工管理费	%	18.00	9217.18	1659.09
3	利润	%	7.00	10876.27	761.34
4	税金	%	3.22	11637.61	374.73
	合计	元			12012.34
	单价	元			120.12

表4-37　工程单价计算表

工程：帷幕灌浆　　　　　　单价编号：500107005001　　　　　　定额单位：100m

施工方法：坝基岩石层帷幕灌浆——自下而上灌浆法

编号	名称及规格	单位	数 量	单价/元	合计/元
1	基本直接费	元			20288.94
1.1	人工费	元			5313.64
	工长	工时	62.70	7.03	440.78
	高级工	工时	100.10	6.52	652.65
	中级工	工时	375.10	5.55	2081.81
	初级工	工时	712.80	3.00	2138.40
1.2	材料费	元			3330.68
	水泥	t	8.50	295.00	2507.50
	水	m³	550.00	0.80	440.00
	其他材料费	%	13.00	2947.50	383.18
1.3	机械费	元			11644.62
	灌浆泵中压泥浆	台时	227.37	31.64	7193.99
	灰浆搅拌机	台时	227.37	14.49	3294.59
	地质钻机300型	台时	13.20	42.24	557.57
	胶轮车	台时	48.84	0.90	43.96
	其他机械费	%	5.00	11090.11	554.51
2	施工管理费	%	18.00	20288.94	3652.01
3	利润	%	7.00	23940.95	1675.87
4	税金	%	3.22	25616.82	824.86
	合计	元			26441.68
	单价	元			264.42

该混凝土重力坝主要材料预算价格计算见表4-38～表4-40。

表4-38　埋石混凝土 C20 材料单价计算表

材料名称	单　位	材料预算量	材料预算价格/元	合计/元
块石	m³	1.67 ×5%	38	3.17
水泥(32.5)	t	0.289 ×1.07 ×(1−5%)	295	86.66
中砂	m³	0.49 ×0.98 ×(1−5%)	48	21.9
卵石	m³	0.81 ×0.98 ×(1−5%)	45	33.93
水	m³	0.15 ×1.07 ×(1−5%)	0.8	0.12
混凝土 C20 材料单价(元/m³)				145.78

注:1. 埋块石混凝土,应按配合地表的材料用量,扣除埋块石实体的数量计算。
　　2. 埋石石混凝土材料量=配合表列材料用量×(1−埋块石量%)。
　　3. 预算定额附录中混凝土配合比表是按卵石、粗砂混凝土编制的,若粗砂换为中砂,则水泥、砂、石子、水的用量应分别乘以 1.07、0.98、0.98、1.07 的系数进行换算。

表4-39　混凝土 C25 材料单价计算表

材料名称	单位	材料预算量	材料预算价格/元	合计/元
水泥	t	0.282	295	83.19
粗砂	m³	0.48	42	20.16
卵石	m³	0.82	45	36.9
外加剂	kg	0.56	30	16.8
水	m³	0.15	0.8	0.12
混凝土 C25 材料单价(元/m³)				157.17

表4-40　砂浆材料单价计算表

材料名称	单位	材料预算量	材料预算价格/元	合计/元
水泥	t	0.633	295.00	186.74
砂	m³	0.94	45.00	42.30
水	m³	0.27	0.80	0.22
砂浆材料单价(元/m³)				229.25

　　混凝土拌制、混凝土运输、砂浆拌制、砂浆运输的单价计算见表4-41～表4-44。

表4-41　混凝土拌制单价计算表

工程:0.4m³ 搅拌机拌制 C20 混凝土　　　　　定额编号:40134　　　　　定额单位:100m³

编号	名称及规格	单位	数　量	单价/元	合计/元
	施工方法:0.4m³ 搅拌机拌制 C20 混凝土				
1	直接费	元			1679.53
1.1	人工费	元			1167.08
	中级工	工时	122.50	5.55	679.88
	初级工	工时	162.40	3.00	487.20
1.2	材料费	元			32.93

（续）

编号	名称及规格	单位	数 量	单价/元	合计/元
	零星材料费	%	2.00	1646.60	32.93
1.3	机械费	元			479.52
	搅拌机	台时	18.00	22.49	404.82
	胶轮车	台时	83.00	0.90	74.70

表 4-42   混凝土运输单价计算表

工程:搅拌车运混凝土 C20   定额编号:40180   定额单位:100m³

施工方法:搅拌车运混凝土

编号	名称及规格	单位	数 量	单价/元	合计/元
1	直接费	元			2533.24
1.1	人工费	元			100.32
	中级工	工时	14.40	5.55	79.92
	初级工	工时	6.80	3.00	20.40
1.2	材料费	元			49.67
	零星材料费	%	2.00	2483.57	49.67
1.3	机械费	元			2383.25
	搅拌车 3m³	台时	18.19	131.02	2383.25

表 4-43   水泥砂浆拌制单价计算表

工程:0.4m³ 搅拌机拌制水泥砂浆   定额编号:40134   定额单位:100m³

施工方法:0.4m³ 搅拌机拌制水泥砂浆

编号	名称及规格	单位	数 量	单价/元	合计/元
1	直接费	元			1679.53
1.1	人工费	元			1167.08
	中级工	工时	122.50	5.55	679.88
	初级工	工时	162.40	3.00	487.20
1.2	材料费	元			32.93
	零星材料费	%	2.00	1646.60	32.93
1.3	机械费	元			479.52
	搅拌机	台时	18.00	22.49	404.82
	胶轮车	台时	83.00	0.90	74.70

表 4-44   水泥砂浆运输单价计算表

工程:搅拌车运水泥砂浆   定额编号:40180   定额单位:100m³

施工方法:搅拌车运水泥砂浆

编号	名称及规格	单位	数 量	单价/元	合计/元
1	直接费	元			2533.24

（续）

编号	名称及规格	单位	数 量	单价/元	合计/元
1.1	人工费	元			100.32
	中级工	工时	14.40	5.55	79.92
	初级工	工时	6.80	3.00	20.40
1.2	材料费	元			49.67
	零星材料费	%	2.00	2483.57	49.67
1.3	机械费	元			2383.25
	搅拌车 3m³	台时	18.19	131.02	2383.25

第5章　模板工程

例 12　某一沉井建筑工程预算设计

　　某一水塔工程项目需要先进行一项沉井基础工程,该沉井基础工程具有技术上比较稳妥可靠,挖土量少,对邻近建筑物的影响比较小等优点。沉井基础埋置较深,稳定性好,能支承较大的荷载。

　　如图 5-1 ~ 图 5-5 所示,该沉井结构形式如图。沉井壁厚 300mm,在做好准备工作之后,支模在预定位置,浇筑部分沉井,接着,由人工开挖沉井底部,在自重作用下,沉井循序下沉,此时,继续支模,进行下一段沉井壁的浇筑。待到沉井下落到预定高程时,对底部进行清理处理,并对沉井进行封底处理。至此该项沉井工程接近尾声。经过检核后可进行下一步的井内设计和封顶工作。在该项工程中,计算至沉井封底一步。

　　试对该项工程进行预算计算。

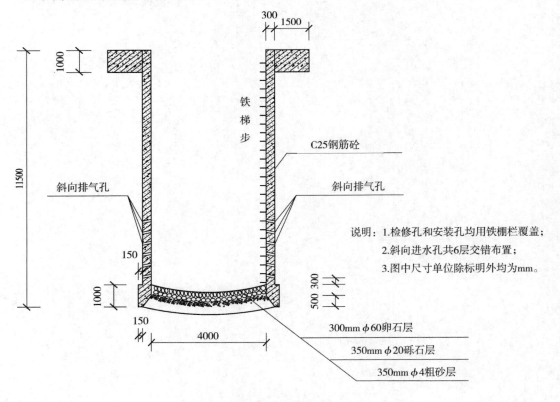

图 5-1　沉井结构图

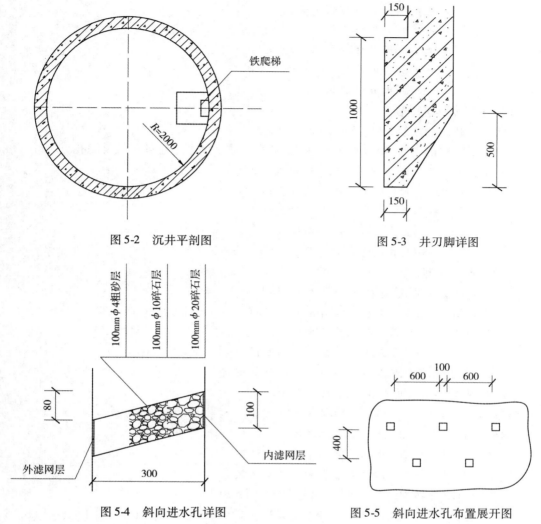

图 5-2 沉井平剖图

图 5-3 井刃脚详图

图 5-4 斜向进水孔详图

图 5-5 斜向进水孔布置展开图

【解】 一、清单工程量

(一)土方工程

1. 沉井土方开挖(距离地表 1m 深),如图 5-1 所示

清单工程量 $= 1.0 \times [(1.5 + 0.3) \times 2 + 4] \times [(1.5 + 0.3) \times 2 + 4] \times 3.14/4 \mathrm{m}^3 = 45.34 \mathrm{m}^3$

【注释】 1.0——沉井井口开挖深度;

1.5——沉井井口墩台宽度;

0.3——沉井井壁厚度;

4——沉井内径(第一个 4);

2——沉井的两边;

3.14——圆面积计算系数。

2. 沉井土方开挖(地下 1m 以下深度),如图 5-1 所示

清单工程量 $= (11.5 - 1.0) \times (4 + 0.3 \times 2) \times (4 + 0.3 \times 2) \times 3.14/4 \mathrm{m}^3 = 174.41 \mathrm{m}^3$

【注释】 11.5——沉井总下落深度;

　　　　1.0——沉井井口开挖深度；
　　　　4——沉井内径；
　　　　0.3——沉井井壁厚度；
　　　　2——沉井的两边；
　　　　3.14——圆面积计算系数。

（二）土石方填筑工程

斜向进水孔反滤填筑，如图5-4、图5-5所示。

每一层反滤孔的个数 = 4×3.14/0.7 个 = 18 个，共计6层（见图5-1）反滤孔。

清单工程量 = 0.1×0.1×0.3×18×6m³ = 0.32m³

【注释】　0.1——沉井底部反滤孔的边长；
　　　　0.3——沉井底部反滤孔的厚度；
　　　　18——沉井反滤孔的单层个数；
　　　　6——沉井反滤孔的总层数。

（三）混凝土工程

1. 沉井封底 C15 混凝土填筑，如图5-1所示

清单工程量 = 0.3×4×4×3.14/4m³ = 3.77m³

【注释】　0.3——C15 混凝土填筑层厚度；
　　　　4——C15 混凝土填筑层平均直径长；
　　　　3.14——C15 混凝土填筑层面积计算系数。

2. 沉井封底 C20 钢筋混凝土，如图5-1所示

清单工程量 = 0.7×4×4×3.14/4m³ = 8.79m³

【注释】　0.7——C20 钢筋混凝土厚度；
　　　　4——C20 钢筋混凝土平均直径长；
　　　　3.14——C20 钢筋混凝土面积计算系数。

3. 沉井壁 C20 钢筋混凝土，如图5-1、图5-2、图5-3所示

清单工程量 = [（4+0.3×2）×（4+0.3×2）－4×4]×3.14/4×（11.5－1.0）+[（0.15+0.3）×（1.0－0.5）+0.5×（0.15+0.15+0.3）/2]×3.14×4.45m³

　　　　= 47.77m³

【注释】　4——沉井壁内径；
　　　　0.3——沉井壁壁厚；
　　　　3.14——沉井截面面积计算系数；
　　　　11.5——沉井井壁下沉深度；
　　　　1.0——沉井井刃脚长度；
　　　　0.15——井刃脚凹槽深度；
　　（0.15+0.3）——井刃脚厚度；
　　（1.0－0.5）——井刃脚矩形断面高度；
　　　　0.5——井刃脚梯形断面高度；
　　　　（0.15+0.15+0.3）/
　　　　2——井刃脚梯形断面平均厚度；

4.45——井刃脚断面对应平均圆直径。

4. 沉井墩台 C20 混凝土,如图 5-1 所示

清单工程量 $= [(4+0.3 \times 2+1.5 \times 2) \times (4+0.3 \times 2+1.5 \times 2) - (4+0.3 \times 2) \times (4+0.3 \times 2)] \times 3.14/4\text{m}^3$

　　　　　　$= 28.73\text{m}^3$

【注释】　4——沉井壁内径;

　　　　0.3——沉井壁壁厚;

　　　　1.5——沉井墩台宽度;

　　　　3.14——沉井墩台截面面积计算系数。

(四)模板工程

沉井壁浇筑用模板,如图 5-1、图 5-2 所示。

由于沉井工程进度,沉井壁采用 1m 长的钢模板,重复使用,如图 5-1 所示。

清单工程量 $= [(3.14 \times 4) + 3.14 \times (4+0.3 \times 2)] \times 11.5\text{m}^2 = 310.55\text{m}^2$

【注释】　4——沉井壁内侧模板直径;

(4 +0.3 ×2)——沉井壁外侧模板直径;

　　　　1——模板长度;

　　　　3.14——沉井模板近似长度计算系数。

(五)钢筋、钢构件加工及安装工程

(1)钢筋混凝土封底工程钢筋用量为混凝土方量的 3%,则

清单工程量 $= 3.77 \times 3\%\text{t} = 0.113\text{t}$

【注释】　3.77——沉井封底 C15 混凝土的清单工程量;

　　　　3%——计算系数。

(2)钢筋混凝土刃脚钢筋用量为混凝土方量的 3%,则

清单工程量 $= 5.24 \times 3\%\text{t} = 0.157\text{t}$

【注释】　5.24——钢筋混凝土刃脚的清单工程量;

　　　　3%——计算系数。

(3)钢筋混凝土沉井管壁钢筋用量为混凝土方量的 3%,则

清单工程量 $= 42.53 \times 3\%\text{t} = 1.276\text{t}$

【注释】　42.53——钢筋混凝土沉井管壁的清单工程量;

　　　　3%——计算系数。

(4)沉井墩台钢筋用量为混凝土方量的 3%,则

清单工程量 $= 28.73 \times 3\%\text{t} = 0.862\text{t}$

【注释】　28.73——钢筋混凝土沉井墩台的清单工程量;

　　　　3%——计算系数。

(5)沉井侧壁布置一道能够进入内部的爬梯,采用直径为 25 的 HRB335 钢筋,则

清单工程量 $= 0.670\text{t}$

由以上结果容易得出本项沉井预备工作所用全部钢筋:

总清单工程量 $= 0.113 + 0.157 + 1.276 + 0.862 + 0.670\text{t} = 3.078\text{t}$

工程量清单计算表见表 5-1。

表 5-1　工程量清单计算表

序号	项目编码	项目名称	计量单位	工程量
1		建筑工程		
1.1	500101	土方开挖工程		
1.1.1	500101005001	沉井墩台部位开挖工程	m³	45.34
1.1.2	500101005002	沉井(1m 以下)开挖工程	m³	174.41
1.2	500103	土石方填筑工程		
1.2.1	500103005001	进水孔反滤料填筑	m³	0.32
1.3	500109	混凝土工程		
1.3.1	500109001001	C15 混凝土封底工程	m³	3.77
1.3.2	500109001002	C20 混凝土封底工程	m³	8.79
1.3.3	500109001003	C20 混凝土井壁工程	m³	47.77
1.3.4	500109001004	C20 混凝土沉井墩台	m³	28.73
1.4	500110	模板工程		
1.4.1	500110002001	钢模板	m²	310.55
1.5	500111	钢筋、钢构件加工及安装工程		
1.5.1	500111001001	钢筋加工及安装	t	3.08

二、定额工程量(套用《水利建筑工程预算定额》中华人民共和国水利部 2002 年)

(一)土方工程

1. 沉井墩台 1m 以内的部分——人工挖柱坑土方(Ⅲ类土)

$$定额工程量 = 1.0 \times [(1.5 + 0.3) \times 2 + 4] \times [(1.5 + 0.3) \times 2 + 4] \times 3.14/4 \, m^3$$
$$= 45.34 \, m^3 = 0.45(100 \, m^3)$$

【注释】　1.0——墩台的高度;

　　　　　1.5——墩台的宽度;

　　　　　0.3——井壁的厚度;

　　　　　2——两边的墩台;

　　　　　4——沉井的内径;

　　　　　3.14——面积的计算系数;

　　　　　4——计算系数。

上口面积 20～40m²。

工作内容:挖土、修底。

套用定额编号 10095,定额单位:100m³。

2. 井台 1m 以下部分——人工挖柱坑土方(Ⅲ类土)

$$定额工程量 = (11.5 - 1.0) \times (4 + 0.3 \times 2) \times (4 + 0.3 \times 2) \times 3.14/4 \, m^3$$
$$= 174.41 \, m^3 = 1.74(100 \, m^3)$$

【注释】　1.0——墩台的高度;

　　　　　11.5——沉井的总高度;

　　　　　0.3——井壁的厚度;

　　　　　2——两边的井壁;

4——沉井的内径;

　　3.14——面积的计算系数;

　　　4——计算系数。

上口面积 10 ~ 20m²。

工作内容:挖土、修底。

套用定额编号 10093,定额单位:100m³。

(二)砌石工程——反滤层料填筑

定额工程量 = 0.1 × 0.1 × 0.3 × 18 × 6m³ = 0.32m³ = 0.003(100m³)

【注释】　0.1——过滤孔的内径;

　　　　　0.3——过滤孔的厚度;

　　　　　6——过滤孔的个数。

工作内容:修坡、压实。

套用定额编号 30002,定额单位:100m³。

(三)混凝土工程

1. C15 混凝土封底——其他混凝土

定额工程量 = 0.3 × 4 × 4 × 3.14/4m³ = 3.77m³ = 0.04(100m³)

【注释】　0.3——C15 混凝土填筑层厚度;

　　　　　4——C15 混凝土填筑层平均直径长;

　　　3.14——C15 混凝土填筑层面积计算系数;

　　　　　4——计算系数。

套用定额编号 40099,定额单位:100m³。

①0.4m³ 搅拌机拌制混凝土

定额工程量 = 3.77m³ = 0.04(100m³)

套用定额 40134,定额单位:100m³。

②胶轮车运混凝土

定额工程量 = 3.77m³ = 0.04(100m³)

套用定额编号 40144,定额单位:100m³。

2. C20 混凝土封底——其他混凝土

定额工程量 = 0.7 × 4 × 4 × 3.14/4m³ = 8.79m³ = 0.09(100m³)

【注释】　0.7——C20 钢筋混凝土厚度;

　　　　　4——C20 钢筋混凝土平均厚度;

　　　3.14——C20 钢筋混凝土面积计算系数;

　　　　　4——计算系数。

套用定额编号编号 40099,定额单位:100m³。

①0.4m³ 搅拌机拌制混凝土

定额工程量 = 8.79m³ = 0.09(100m³)

套用定额 40134,定额单位:100m³。

②胶轮车运混凝土

定额工程量 = 8.79m³ = 0.09(100m³)

套用定额编号 40144,定额单位:100m³。

3. C20 混凝土井壁——混凝土管

定额工程量 $= [(4+0.3\times2)\times(4+0.3\times2)-4\times4]\times3.14/4\times(11.5-1.0)+[(0.15+$
$0.3)\times(1.0-0.5)+0.5\times(0.15+0.15+0.3)/2]\times3.14\times4.45m³$
$=47.77m³=0.48(100m³)$

【注释】 4——沉井壁内径;

0.3——沉井壁壁厚;

3.14——沉井截面面积计算系数;

11.5——沉井井壁下沉深度;

1.0——沉井井刃脚长度;

0.5——井刃脚梯形断面高度;

0.15——井刃脚凹槽深度;

(0.15+0.3)——井刃脚厚度;

(1.0-0.5)——井刃脚矩形断面高度;

(0.15+0.15+0.3)/

2——井刃脚梯形断面平均厚度;

4.45——井刃脚断面对应平均圆直径。

套用定额编号 40085,定额单位:100m³。

①0.4m³ 搅拌机拌制混凝土

定额工程量 $=3.28m³=0.03(100m³)$

套用定额 40134,定额单位:100m³。

②胶轮车运混凝土

定额工程量 $=3.28m³=0.03(100m³)$

套用定额编号 40144,定额单位:100m³。

4. C20 混凝土沉井墩台——墩台

定额工程量 $= [(4+0.3\times2+1.5\times2)\times(4+0.3\times2+1.5\times2)-(4+0.3\times2)\times(4+$
$0.3\times2)]\times3.14/4m³$
$=28.73=0.29(100m³)$

【注释】 4——沉井壁内径;

0.3——沉井壁壁厚;

1.5——沉井墩台宽度;

3.14——沉井墩台截面面积计算系数。

套用定额编号 40067,定额单位:100m³。

①0.4m³ 搅拌机拌制混凝土

定额工程量 $=3.28m³=0.03(100m³)$

套用定额 40134,定额单位:100m³。

②胶轮车运混凝土

定额工程量 $=3.28m³=0.03(100m³)$

套用定额编号 40144,定额单位:100m³。

（四）模板工程——竖井滑模

定额工程量 $= (3.14 \times 4 + 3.14 \times (4 + 0.3 \times 2)) \times 11.5 m^2 = 310.55 m^3 = 3.110 (100 m^3)$

【注释】　4——沉井壁内侧模板直径；

$(4 + 0.3 \times 2)$——沉井壁外侧模板直径；

　　　　1——模板长度；

　　　　3.14——沉井模板近似长度计算系数。

套用定额编号 50117，定额单位：$100 m^2$。

（五）钢筋加工及安装

钢筋制作及安装

定额工程量 $= 0.113 + 0.157 + 1.276 + 0.862 + 0.670 t = 3.078 t$

【注释】　0.113——封底工程钢筋用量；

　　　　0.157——刃脚钢筋用量；

　　　　1.276——沉井管壁钢筋用量；

　　　　0.862——沉井墩台钢筋用量；

　　　　0.670——沉井侧壁爬梯的钢筋用量。

套用定额编号 40289，定额单位：1t。

分类分项工程工程量清单计价表见表 5-2。

表 5-2　分类分项工程工程量清单计价表

序号	项目编码	项目名称	计量单位	工程量	单价/元	合价/元
1		建筑工程				
1.1	500101	土方开挖工程				
1.1.1	500101005001	沉井墩台部位开挖工程	m^3	45.34	2.85	129.22
1.1.2	500101005002	沉井（1m 以下）开挖工程	m^3	174.41	2.98	519.74
1.2	500103	土石方填筑工程				
1.2.1	500103005001	进水孔反滤料填筑	m^3	0.32	128.30	41.06
1.3	500109	混凝土工程				
1.3.1	500109001001	C15 混凝土封底工程	m^3	3.77	364.38	1373.71
1.3.2	500109001002	C20 混凝土封底工程	m^3	8.79	385.24	3386.26
1.3.3	500109001003	C20 混凝土井壁工程	m^3	47.77	377.83	18048.94
1.3.4	500109001004	C20 混凝土沉井墩台	m^3	28.73	380.06	10919.12
1.4	500110	模板工程				
1.4.1	500110002001	钢模板	m^2	310.55	96.67	30020.87
1.5	500111	钢筋、钢构件加工及安装工程				
1.5.1	500111001001	钢筋加工及安装	t	3.08	7689.86	23684.77

表 5-3　工程单价汇总表

序号	项目编码	项目名称	计量单位	人工费	材料费	机械费	施工管理费和利润	税金
1		建筑工程						
1.1	500101	土方开挖工程						

（续）

序号	项目编码	项目名称	计量单位	人工费	材料费	机械费	施工管理费和利润	税金
1.1.1	500101005001	沉井墩台部位开挖工程	100m³	196.81	15.74	0.00	63.86	9.08
1.1.2	500101005002	沉井(1m 以下)开挖工程	100m³	205.32	16.43	0.00	66.62	9.47
1.2	500103	土石方填筑工程						
1.2.1	500103005001	进水孔反滤料填筑	100m³	1538.41	8013.93	0.00	2869.75	407.94
1.3	500109	混凝土工程						
1.3.1	500109001001	C15 混凝土封底工程	100m³	3226.78	22455.85	1579.60	8018.18	1157.20
1.3.2	500109001002	C20 混凝土封底工程	100m³	3226.78	24062.22	1579.60	8500.78	1154.36
1.3.3	500109001003	C20 混凝土井壁工程	100m³	3335.30	23714.93	1213.35	8319.01	1199.91
1.3.4	500109001004	C20 混凝土沉井墩台	100m³	3354.19	24052.53	1023.10	8368.96	1207.00
1.4	500110	模板工程						
1.4.1	500110002001	钢模板	100m²	1037.52	0.00	6160.37	2162.31	307.01
1.5	500111	钢筋、钢构件加工及安装工程						
1.5.1	500111001001	钢筋加工及安装	t	550.65	4854.36	320.54	1720.09	244.22

表 5-4　工程量清单综合单价分析

工程名称:某沉井工程　　　　　　　　　　　　　　　　　　　　　　　第1页　共9页

项目编码	500101005001		项目名称		沉井墩台部位开挖工程		计量单位		m³
清单综合单价组成明细									

定额编号	定额名称	定额单位	数量	单价				合价			
				人工费	材料费	机械费	管理费和利润	人工费	材料费	机械费	管理费和利润
10095	人工挖柱坑土方	100m³	45.34/45.34 =1	196.81	15.74	0.00	63.86	196.81	15.74	0.00	63.86
人工单价			小　计					196.81	15.74	0.00	63.86
3.04 元/工时(初级工)7.11 元/工时(工长)			未计材料费					—			
清单项目综合单价								276.41/100 = 2.76			

材料费明细	主要材料名称、规格、型号	单位	数量	单价/元	合价/元	暂估单价/元	暂估合价/元
	其他材料费			—	15.74	—	
	材料费小计			—	15.74	—	

表 5-5 工程量清单综合单价分析

工程名称：某沉井工程

项目编码	500101005002	项目名称		沉井(1m 以下)开挖工程		计量单位		m³	
清单综合单价组成明细									
定额编号	定额名称	定额单位	数量	单价				合价	
				人工费	材料费	机械费	管理费和利润	人工费	材料费	机械费	管理费和利润
10093	人工挖柱坑土方	100m³	174.41/174.41 = 1	205.32	16.43	0.00	63.86	205.32	16.43	0.00	63.86
人工单价			小 计					205.32	16.43	0.00	63.86
3.04 元/工时(初级工) 7.11 元/工时(工长)			未计材料费					—			
清单项目综合单价							285.61/100 = 2.86				
材料费明细	主要材料名称、规格、型号				单位	数量	单价/元	合价/元	暂估单价/元	暂估合价/元	
	其他材料费						—	16.43	—		
	材料费小计						—	16.43	—		

表 5-6 工程量清单综合单价分析

工程名称：某沉井工程

项目编码	500103005001	项目名称		进水孔反滤料填筑		计量单位		m³	
清单综合单价组成明细									
定额编号	定额名称	定额单位	数量	单价				合价	
				人工费	材料费	机械费	管理费和利润	人工费	材料费	机械费	管理费和利润
30002	人工铺筑砂石垫层	100m³	0.32/0.32 = 1	1538.41	8013.93	0.00	2869.75	1538.41	8013.93	0.00	2869.75
人工单价			小 计					1538.41	8013.93	0.00	2869.75
3.04 元/工时(初级工) 5.62 元/工时(中级工) 7.11 元/工时(工长)			未计材料费					—			
清单项目综合单价							12422.09/100 = 124.22				
材料费明细	主要材料名称、规格、型号				单位	数量	单价/元	合价/元	暂估单价/元	暂估合价/元	
	碎石				m³	81.6	65.24	5323.58			
	砂				m³	20.4	127.99	2611.00			
	其他材料费						—	79.35	—		
	材料费小计						—	8013.93	—		

表 5-7 工程量清单综合单价分析

工程名称:某沉井工程

项目编码	500109001001	项目名称		C15 素混凝土封底		计量单位		m³

清单综合单价组成明细

定额编号	定额名称	定额单位	数量	单价				合价			
				人工费	材料费	机械费	管理费和利润	人工费	材料费	机械费	管理费和利润
40134	搅拌机拌制混凝土	100m³	103/103=1	1182.15	34.07	521.46		1217.61	35.09	537.10	
40144	胶轮车运混凝土	100m³	103/103=1	302.78	21.19	50.40		311.86	21.83	51.91	
40099	其他混凝土	100m³	3.77/3.77=1	1697.31	22398.93	990.59	8018.18	1697.31	22398.93	990.59	8018.18
人工单价			小 计					3226.78	22455.85	1579.60	8018.18

人工单价	未计材料费	
3.04 元/工时(初级工)		
5.62 元/工时(中级工)	未计材料费	—
6.61 元/工时(高级工)		
7.11 元/工时(工长)		

清单项目综合单价					35280.41/100 = 352.80			

材料费明细	主要材料名称、规格、型号	单位	数量	单价/元	合价/元	暂估单价/元	暂估合价/元
	混凝土 C15	m³	103	212.98	21936.94		
	水	m³	120	0.19	22.80		
	其他材料费			—	496.11	—	
	材料费小计			—	22455.85	—	

表 5-8 工程量清单综合单价分析

工程名称:某沉井工程

项目编码	500109001002	项目名称		C20 混凝土封底		计量单位		m³

清单综合单价组成明细

定额编号	定额名称	定额单位	数量	单价				合价			
				人工费	材料费	机械费	管理费和利润	人工费	材料费	机械费	管理费和利润
40134	搅拌机拌制混凝土	100m³	103/103=1	1182.15	34.07	521.46		1217.61	35.09	537.10	
40144	胶轮车运混凝土	100m³	103/103=1	302.78	21.19	50.40		311.86	21.83	51.91	
40099	其他混凝土	100m³	8.79/8.79=1	1697.31	24005.30	990.59	8500.78	1697.31	24005.30	990.59	8500.78
人工单价			小 计					3226.78	24062.22	1579.60	8500.78

3.04 元/工时(初级工)		
5.62 元/工时(中级工)	未计材料费	—
6.61 元/工时(高级工)		
7.11 元/工时(工长)		

（续）

清单项目综合单价						37369.38/100＝373.69	

材料费明细	主要材料名称、规格、型号	单位	数量	单价/元	合价/元	暂估单价/元	暂估合价/元
	混凝土 C20	m³	103	228.27	23511.81		
	水	m³	120	0.19	22.80		
	其他材料费			—	527.61	—	
	材料费小计			—	24062.22	—	

表5-9 工程量清单综合单价分析

工程名称：某沉井工程   第6页 共9页

项目编码	500109001003	项目名称		C20 混凝土井壁		计量单位		m³

清单综合单价组成明细

定额编号	定额名称	定额单位	数量	单价 人工费	材料费	机械费	管理费和利润	合价 人工费	材料费	机械费	管理费和利润
40134	搅拌机拌制混凝土	100m³	103/103＝1	1182.15	34.07	521.46		1217.61	35.09	537.10	
40144	胶轮车运混凝土	100m³	103/103＝1	302.78	21.19	50.40		311.86	21.83	51.91	
40085	混凝土管	100m³	47.77/47.77＝1	1805.83	23658.01	624.34	8319.01	1805.83	23658.01	624.34	8319.01
人工单价		小 计						3335.30	23714.93	1213.35	8319.01
3.04 元/工时（初级工） 5.62 元/工时（中级工） 6.61 元/工时（高级工） 7.11 元/工时（工长）		未计材料费						—			

清单项目综合单价						36582.59/100＝356.83	

材料费明细	主要材料名称、规格、型号	单位	数量	单价/元	合价/元	暂估单价/元	暂估合价/元
	混凝土 C20	m³	103	228.27	23511.81		
	水	m³	150	0.19	28.50		
	其他材料费			—	174.62	—	
	材料费小计			—	23714.93	—	

表5-10 工程量清单综合单价分析

工程名称：某沉井工程   第7页 共9页

项目编码	500109001004	项目名称		C20 混凝土墩台		计量单位		m³

清单综合单价组成明细

定额编号	定额名称	定额单位	数量	单价 人工费	材料费	机械费	管理费和利润	合价 人工费	材料费	机械费	管理费和利润
40134	搅拌机拌制混凝土	100m³	103/103＝1	1182.15	34.07	521.46		1217.61	35.09	537.10	

（续）

定额编号	定额名称	定额单位	数量	单价				合价			
				人工费	材料费	机械费	管理费和利润	人工费	材料费	机械费	管理费和利润
40144	胶轮车运混凝土	100m³	103/103 = 1	302.78	21.19	50.40		311.86	21.83	51.91	
40067	墩	100m³	28.73/28.73 = 1	1824.72	23995.61	434.09	8368.96	1824.72	23995.61	434.09	8368.96
	人工单价			小　计				3354.19	24052.53	1023.10	8368.96
	3.04 元/工时（初级工） 5.62 元/工时（中级工） 6.61 元/工时（高级工） 7.11 元/工时（工长）			未计材料费				—			
	清单项目综合单价							36798.78/100 = 367.99			
材料费明细	主要材料名称、规格、型号				单位	数量	单价/元	合价/元	暂估单价/元	暂估合价/元	
	混凝土 C20				m³	103	228.27	23511.81			
	水				m³	70	0.19	13.30			
	其他材料费						—	527.42	—		
	材料费小计						—	24052.53			

表 5-11　工程量清单综合单价分析

工程名称：某沉井工程   第 8 页　共 9 页

项目编码	500110002001	项目名称	模板工程	计量单位	m²

清单综合单价组成明细

定额编号	定额名称	定额单位	数量	单价				合价			
				人工费	材料费	机械费	管理费和利润	人工费	材料费	机械费	管理费和利润
50117	竖井滑模	100m²	310.55/310.55 = 1	1037.52	0.00	6160.37	2162.31	1037.52	0.00	6160.37	2162.31
	人工单价			小　计				1037.52	0.00	6160.37	2162.31
	3.04 元/工时（初级工） 5.62 元/工时（中级工） 6.61 元/工时（中级工） 7.11 元/工时（工长）			未计材料费				—			
	清单项目综合单价							9360.20/100 = 93.60			
材料费明细	主要材料名称、规格、型号				单位	数量	单价/元	合价/元	暂估单价/元	暂估合价/元	
	其他材料费						—	0.00	—		
	材料费小计						—	0.006	—		

表5-12 工程量清单综合单价分析

工程名称:某沉井工程

项目编码	500111001001	项目名称		钢筋加工及安装		计量单位		1t

				清单综合单价组成明细				

定额编号	定额名称	定额单位	数量	单价				合价			
				人工费	材料费	机械费	管理费和利润	人工费	材料费	机械费	管理费和利润
40289	钢筋制作与安装	1t	3.078/3.078＝1	550.65	4854.36	320.54	1720.09	550.65	4854.36	320.54	1720.09
人工单价		小 计						550.65	4854.36	320.54	1720.09
3.04元/工时(初级工) 5.62元/工时(中级工) 6.61元/工时(中级工) 7.11元/工时(工长)		未计材料费						—			
清单项目综合单价								7445.64			

	主要材料名称、规格、型号	单位	数量	单价/元	合价/元	暂估单价/元	暂估合价/元
材料费明细	钢筋	t	1.02	4644.48	4737.37		
	铁丝	kg	4.00	5.50	22.00		
	电焊条	kg	7.22	6.50	46.93		
	其他材料费			—	48.06	—	
	材料费小计			—	4854.36	—	

表5-13 水利建筑工程预算单价计算表

工程名称:沉井墩台部位开挖工程

人工挖柱坑土方					
定额编号	水利部:10095		单价号	500101005001	单位:100m³

工作内容:挖土、修底

编号	名称及规格	单 位	数 量	单价/元	合计/元
一	直接工程费				237.00
1	直接费				212.56
(1)	人工费				196.81
	工长	工时	1.3	7.11	9.24
	初级工	工时	61.7	3.04	187.57
(2)	材料费				15.74
	零星材料费	%	8	196.81	15.74
(3)	机械费				0.00
2	其他直接费		212.56	2.50%	5.31
3	现场经费		212.56	9.00%	19.13
二	间接费		237.00	9.00%	21.33
三	企业利润		258.33	7.00%	18.08

（续）

编号	名称及规格	单位	数量	单价/元	合计/元
四	税金		276.41	3.284%	9.08
五	其他				
六	合计				285.49

表 5-14　水利建筑工程预算单价计算表

工程名称：沉井（1m以下）开挖工程

人工挖柱坑土方					
定额编号	水利部：10093		单价号	500101005002	单位：100m³

工作内容：挖土、修底

编号	名称及规格	单位	数量	单价/元	合计/元
一	直接工程费				247.25
1	直接费				221.75
（1）	人工费				205.32
	工长	工时	1.3	7.11	9.24
	初级工	工时	64.5	3.04	196.08
（2）	材料费				16.43
	零星材料费	%	8	205.32	16.43
（3）	机械费				0.00
2	其他直接费		221.75	2.50%	5.54
3	现场经费		221.75	9.00%	19.96
二	间接费		247.25	9.00%	22.25
三	企业利润		269.50	7.00%	18.87
四	税金		288.37	3.284%	9.47
五	其他				
六	合计				297.84

表 5-15　水利建筑工程预算单价计算表

工程名称：进水孔反滤料填筑

人工铺筑砂石垫层					
定额编号	水利部：30002		单价号	500103005001	单位：100m³

工作内容：修坡、压实

编号	名称及规格	单位	数量	单价/元	合计/元
一	直接工程费				10650.85
1	直接费				9552.33
（1）	人工费				1538.41
	工长	工时	9.9	7.11	70.39
	初级工	工时	482.9	3.04	1468.02
（2）	材料费				8013.93

（续）

编号	名称及规格	单 位	数 量	单价/元	合计/元
	碎石	m³	81.6	65.24	5323.58
	砂	m³	20.4	127.99	2611.00
	其他材料费	%	1	7934.58	79.35
（3）	机械费				0.00
2	其他直接费		9552.33	2.50%	238.81
3	现场经费		9552.33	9.00%	859.71
二	间接费		10650.85	9.00%	958.58
三	企业利润		11609.43	7.00%	812.66
四	税金		12422.09	3.284%	407.94
五	其他				
六	合计				12830.03

表 5-16　水利建筑工程预算单价计算表

工程名称：C15 混凝土封底

其他混凝土

定额编号	水利部：40099		单价号	500109001001	单位：100m³

适用范围：基础，包括排架基础、一般设备基础等

编号	名称及规格	单 位	数 量	单价/元	合计/元
一	直接工程费				29758.81
1	直接费				26689.52
（1）	人工费				1697.31
	工长	工时	10.9	7.11	77.50
	高级工	工时	18.1	6.61	119.64
	中级工	工时	188.5	5.62	1059.37
	初级工	工时	145.0	3.04	440.80
（2）	材料费				22398.93
	混凝土　C15	m³	103	212.98	21936.94
	水	m³	120	0.19	22.80
	其他材料费	%	2.0	21959.74	439.19
（3）	机械费				990.59
	振动器　1.1kW	台时	20.00	2.27	45.40
	风水枪	台时	26.00	32.89	855.14
	其他机械费	%	10	900.54	90.05
（4）	嵌套项				1602.68
	混凝土拌制	m³	103	11.82	1217.46
	混凝土运输	m³	103	3.74	385.22
2	其他直接费		26689.52	2.50%	667.24
3	现场经费		26689.52	9.00%	2402.06
二	间接费		29758.81	9.00%	2678.29
三	企业利润		32437.11	7.00%	2270.60
四	税金		34707.70	3.284%	1139.80

（续）

编号	名称及规格	单 位	数 量	单价/元	合计/元
五	其他				
六	合计				35847.51

表 5-17　水利建筑工程预算单价计算表

工程名称：C15 混凝土封底

<table>
<tr><td colspan="6" align="center">搅拌机拌制混凝土</td></tr>
<tr><td>定额编号</td><td colspan="2" align="center">水利部：40134</td><td>单价号</td><td colspan="2">500109001001　　　单位：100m³</td></tr>
<tr><td colspan="6">工作内容：场内配运水泥、骨料，投料、加水、加外加剂、搅拌、出料、清洗</td></tr>
<tr><td>编号</td><td>名称及规格</td><td>单 位</td><td>数 量</td><td>单价/元</td><td>合计/元</td></tr>
<tr><td>一</td><td>直接工程费</td><td></td><td></td><td></td><td>1937.51</td></tr>
<tr><td>1</td><td>直接费</td><td></td><td></td><td></td><td>1737.68</td></tr>
<tr><td>(1)</td><td>人工费</td><td></td><td></td><td></td><td>1182.15</td></tr>
<tr><td></td><td>中级工</td><td>工时</td><td>122.5</td><td>5.62</td><td>688.45</td></tr>
<tr><td></td><td>初级工</td><td>工时</td><td>162.4</td><td>3.04</td><td>493.70</td></tr>
<tr><td>(2)</td><td>材料费</td><td></td><td></td><td></td><td>34.07</td></tr>
<tr><td></td><td>零星材料费</td><td>%</td><td>2</td><td>1703.61</td><td>34.07</td></tr>
<tr><td>(3)</td><td>机械费</td><td></td><td></td><td></td><td>521.46</td></tr>
<tr><td></td><td>搅拌机 0.4m³</td><td>台时</td><td>18.00</td><td>24.82</td><td>446.76</td></tr>
<tr><td></td><td>胶轮车</td><td>组时</td><td>83.00</td><td>0.90</td><td>74.70</td></tr>
<tr><td>2</td><td>其他直接费</td><td>1737.68</td><td>2.50%</td><td></td><td>43.44</td></tr>
<tr><td>3</td><td>现场经费</td><td>1737.68</td><td>9.00%</td><td></td><td>156.39</td></tr>
<tr><td>二</td><td>间接费</td><td>1937.51</td><td>9.00%</td><td></td><td>174.38</td></tr>
<tr><td>三</td><td>企业利润</td><td>2111.89</td><td>7.00%</td><td></td><td>147.83</td></tr>
<tr><td>四</td><td>税金</td><td>2259.72</td><td>3.284%</td><td></td><td>74.21</td></tr>
<tr><td>五</td><td>其他</td><td></td><td></td><td></td><td></td></tr>
<tr><td>六</td><td>合计</td><td></td><td></td><td></td><td>2333.93</td></tr>
</table>

表 5-18　水利建筑工程预算单价计算表

工程名称：C15 混凝土封底

<table>
<tr><td colspan="6" align="center">胶轮车运混凝土</td></tr>
<tr><td>定额编号</td><td colspan="2" align="center">水利部：40144</td><td>单价号</td><td colspan="2">500109001001　　　单位：100m³</td></tr>
<tr><td colspan="6">工作内容：装、运、卸、清洗</td></tr>
<tr><td>编号</td><td>名称及规格</td><td>单 位</td><td>数 量</td><td>单价/元</td><td>合计/元</td></tr>
<tr><td>一</td><td>直接工程费</td><td></td><td></td><td></td><td>417.43</td></tr>
<tr><td>1</td><td>直接费</td><td></td><td></td><td></td><td>374.38</td></tr>
<tr><td>(1)</td><td>人工费</td><td></td><td></td><td></td><td>302.78</td></tr>
<tr><td></td><td>初级工</td><td>工时</td><td>99.6</td><td>3.04</td><td>302.78</td></tr>
<tr><td>(2)</td><td>材料费</td><td></td><td></td><td></td><td>21.19</td></tr>
<tr><td></td><td>零星材料费</td><td>%</td><td>6</td><td>353.18</td><td>21.19</td></tr>
<tr><td>(3)</td><td>机械费</td><td></td><td></td><td></td><td>50.40</td></tr>
<tr><td></td><td>胶轮车</td><td>台时</td><td>56.00</td><td>0.90</td><td>50.40</td></tr>
</table>

（续）

编号	名称及规格	单　位	数　量	单价/元	合计/元
2	其他直接费		374.38	2.50%	9.36
3	现场经费		374.38	9.00%	33.69
二	间接费		417.43	9.00%	37.57
三	企业利润		455.00	7.00%	31.85
四	税金		486.85	3.284%	15.99
五	其他				
六	合计				502.83

表 5-19　水利建筑工程预算单价计算表

工程名称:C20 混凝土封底

其他混凝土					
定额编号	水利部:40099		单价号	500109001002	单位:100m³
适用范围:基础,包括排架基础、一般设备基础等					

编号	名称及规格	单　位	数　量	单价/元	合计/元
一	直接工程费				31549.91
1	直接费				28295.89
(1)	人工费				1697.31
	工长	工时	10.9	7.11	77.50
	高级工	工时	18.1	6.61	119.64
	中级工	工时	188.5	5.62	1059.37
	初级工	工时	145.0	3.04	440.80
(2)	材料费				24005.30
	混凝土　C20	m³	103	228.27	23511.81
	水	m³	120	0.19	22.80
	其他材料费	%	2.0	23534.61	470.69
(3)	机械费				990.59
	振动器　1.1kW	台时	20.00	2.27	45.40
	风水枪	台时	26.00	32.89	855.14
	其他机械费	%	10	900.54	90.05
(4)	嵌套项				1602.68
	混凝土拌制	m³	103	11.82	1217.46
	混凝土运输	m³	103	3.74	385.22
2	其他直接费		28295.89	2.50%	707.40
3	现场经费		28295.89	9.00%	2546.63
二	间接费		31549.91	9.00%	2839.49
三	企业利润		34389.41	7.00%	2407.26
四	税金		36796.66	3.284%	1208.40
五	其他				
六	合计				38005.07

表 5-20   水利建筑工程预算单价计算表

工程名称:C20 混凝土井壁

混凝土管

定额编号	水利部:40085		单价号	500109001003	单位:100m³	
适用范围:圆形倒虹吸管、压力管道及各种现浇线性涵管						
编号	名称及规格	单 位	数 量	单价/元	合计/元	
一	直接工程费				30875.32	
1	直接费				27690.87	
(1)	人工费				1805.83	
	工长	工时	11.2	7.11	79.63	
	高级工	工时	26.0	6.61	171.86	
	中级工	工时	208.2	5.62	1170.08	
	初级工	工时	126.4	3.04	384.26	
(2)	材料费				23658.01	
	混凝土 C20	m³	103	228.27	23511.81	
	水	m³	150	0.19	28.50	
	其他材料费	%	0.5	23540.31	117.70	
(3)	机械费				624.34	
	振动器 1.1kW	台时	35.60	2.27	80.81	
	风水枪	台时	14.80	32.89	486.77	
	其他机械费	%	10	567.58	56.76	
(4)	嵌套项				1602.68	
	混凝土拌制	m³	103	11.82	1217.46	
	混凝土运输	m³	103	3.74	385.22	
2	其他直接费	27690.87	2.50%		692.27	
3	现场经费	27690.87	9.00%		2492.18	
二	间接费	30875.32	9.00%		2778.78	
三	企业利润	33654.09	7.00%		2355.79	
四	税金	36009.88	3.284%		1182.56	
五	其他					
六	合计				37192.44	

表 5-21   水利建筑工程预算单价计算表

工程名称:C20 混凝土墩台

墩

定额编号	水利部:40067		单价号	500109001004	单位:100m³	
适用范围:水闸闸墩、溢洪道闸墩、桥墩、靠船墩、渡槽墩、镇支墩等						
编号	名称及规格	单 位	数 量	单价/元	合计/元	
一	直接工程费				31060.67	
1	直接费				27857.10	
(1)	人工费				1824.72	
	工长	工时	11.7	7.11	83.19	
	高级工	工时	15.5	6.61	102.46	

（续）

编号	名称及规格	单　位	数　量	单价/元	合计/元
	中级工	工时	209.7	5.62	1178.51
	初级工	工时	151.5	3.04	460.56
（2）	材料费				23995.61
	混凝土　C20	m³	103	228.27	23511.81
	水	m³	70	0.19	13.30
	其他材料费	%	2	23525.11	470.50
（3）	机械费				434.09
	振动器　1.1kW	台时	20.00	2.27	45.40
	变频机组　8.5kVA	台时	10.00	17.25	172.50
	风水枪	台时	5.36	32.89	176.29
	其他机械费	%	18	221.69	39.90
（4）	嵌套项				1602.68
	混凝土拌制	m³	103	11.82	1217.46
	混凝土运输	m³	103	3.74	385.22
2	其他直接费		27857.10	2.50%	696.43
3	现场经费		27857.10	9.00%	2507.14
二	间接费		31060.67	9.00%	2795.46
三	企业利润		33856.13	7.00%	2369.93
四	税金		36226.06	3.284%	1189.66
五	其他				
六	合计				37415.72

表 5-22　水利建筑工程预算单价计算表

工程名称：模板工程

竖井滑模					
定额编号	水利部：50117	单价号	500110002001	单位：1t	
适用范围：竖井混凝土衬砌					
工作内容：场内运输，安装、调试；拉滑模板，维护保养					
编号	名称及规格	单　位	数　量	单价/元	合计/元
一	直接工程费				8025.24
1	直接费				7197.52
（1）	人工费				1037.15
	工长	工时	18.4	7.11	130.82
	高级工	工时	65.5	6.61	432.96
	中级工	工时	72.6	5.62	408.01
	初级工	工时	21.5	3.04	65.36
（2）	材料费				0.00
（3）	机械费				6160.37
	滑模台车 <25t	台时	36.38	155.67	5663.27
	载重汽车 15t	台时	0.09	165.26	14.87
	汽车起重机 25t	台时	0.57	239.26	136.38

（续）

编号	名称及规格	单 位	数 量	单价/元	合计/元
	卷扬机 5t	台时	2.30	18.66	42.92
	电焊机　25kVA	台时	0.69	13.88	9.58
	其他机械费	%	5	5867.02	293.35
2	其他直接费		7197.52	2.50%	179.94
3	现场经费		7197.52	9.00%	647.78
二	间接费		8025.24	9.00%	722.27
三	企业利润		8747.51	7.00%	612.33
四	税金		9359.84	3.284%	307.38
五	其他				
六	合计				9667.21

表 5-23　水利建筑工程预算单价计算表

工程名称：钢筋加工及安装

钢筋制作与安装					
定额编号	水利部：40289		单价号	500111001001	单位：1t
适用范围：水工建筑物各部位及预制构件					
工作内容：回直、除锈、切断、弯制、焊接、绑扎及加工场至施工场地运输					
编号	名称及规格	单 位	数 量	单价/元	合计/元
一	直接工程费				6383.71
1	直接费				5725.30
（1）	人工费				550.43
	工长	工时	10.3	7.11	73.23
	高级工	工时	28.8	6.61	190.37
	中级工	工时	36.0	5.62	202.32
	初级工	工时	27.8	3.04	84.51
（2）	材料费				4854.36
	钢筋	t	1.02	4644.48	4737.37
	铁丝	kg	4.00	5.50	22.00
	电焊条	kg	7.22	6.50	46.93
	其他材料费	%	1	4806.30	48.06
（3）	机械费				320.51
	钢筋调直机 14kW	台时	0.60	18.58	11.15
	风砂枪	台时	1.50	32.89	49.34
	钢筋切断机 20kW	台时	0.40	26.10	10.44
	钢筋弯曲机 ϕ6 ~ 40	台时	1.05	14.98	15.73
	电焊机　25kVA	台时	10.00	13.88	138.80
	对焊机　150 型	台时	0.40	86.90	34.76
	载重汽车　5t	台时	0.45	95.61	43.02
	塔式起重机　10t	台时	0.10	109.86	10.99
	其他机械费	%	2	314.22	6.28
2	其他直接费		5725.30	2.50%	143.13

（续）

编号	名称及规格	单 位	数 量	单价/元	合计/元
3	现场经费		5725.30	9.00%	515.28
二	间接费		6383.71	9.00%	574.53
三	企业利润		6958.25	7.00%	487.08
四	税金		7445.32	3.284%	244.50
五	其他				
六	合计				7689.83

表 5-24 人工费基本数据表

项目名称	单 位	工 长	高级工	中级工	初级工
基本工资标准	元/月	550.00	500.00	400.00	270.00
地区工资系数		1.0000	1.0000	1.0000	1.0000
地区津贴标准	元/月	0.00	0.00	0.00	0.00
夜餐津贴比率	%	30.00	30.00	30.00	30.00
施工津贴标准	元/天	5.30	5.30	5.30	2.65
养老保险费率	%	20.00	20.00	20.00	10.00
住房公积金费率	%	5.00	5.00	5.00	2.50
工时单价	元/时	7.11	6.61	5.62	3.04

表 5-25 材料费基本数据表

名称及规格		钢筋	水泥 32.5#	汽油	柴油	砂(中砂)	石子(碎石)	块石
单位		t	t	t	t	m³	m³	m³
单位毛重(t)		1	1	1	1	1.55	1.45	1.7
每吨每公里运费/元		0.70	0.70	0.70	0.70	0.70	0.70	0.70
价格/元(卸车费和保管费按照郑州市造价信息提供的价格计算)	原价	4500	330	9390	8540	110	50	50
	运距	6	6	6	6	6	6	6
	卸车费	5	5			5	5	5
	运杂费	9.20	9.20	4.20	4.20	14.26	13.34	15.64
	保管费	135.28	10.18	281.83	256.33	3.73	1.90	1.97
	运到工地分仓库价格/t	4509.20	339.20	9394.20	8544.20	124.26	63.34	65.64
	保险费							
	预算价/元	4644.48	349.38	9676.03	8800.53	127.99	65.24	67.61

表 5-26 混凝土单价计算基本数据表

混凝土材料单价计算表								单位:m³	
单价/元	混凝土标号	水泥强度等级	级配	预算量					
				水泥/kg	掺合料/kg 膨润土	砂/m³	石子/m³	外加剂/kg REA	水/m³
212.98	C15	32.5	1	270		0.57	0.70		0.170
228.27	C20	42.5	1	321		0.54	0.72		0.170

表 5-27   机械台时费单价计算基本数据表

名称及规格	台时费	折旧费	修理费	安拆费	人工费	动力燃料费
胶轮车	0.90	0.26	0.64		0.00	0.00
振捣器插入式1.1kW	2.27	0.32	1.22		0.00	0.73
风(砂)水枪6m³/min	32.89	0.24	0.42		0.00	32.23
混凝土搅拌机0.4m³	24.82	3.29	5.34	1.07	7.31	7.81
钢筋切断机20kW	26.10	1.18	1.71	0.28	7.31	15.62
载重汽车5t	95.61	7.77	10.86		7.31	69.67
电焊机交流25kVA	13.88	0.33	0.30	0.09	0.00	13.16
钢筋调直机4~14kW	18.58	1.60	2.69	0.44	7.31	6.54
钢筋弯曲机φ6-40	14.98	0.53	1.45	0.24	7.31	5.45
对焊机电弧型150kVA	86.90	1.69	2.56	0.76	7.31	74.58
塔式起重机10t	109.86	41.37	16.89	3.10	15.18	33.32
滑模台车<25t	155.67	88.5	13.28		39.37	14.53
载重汽车15t	165.26	31.1	30.92		7.31	95.93
卷扬机5t	18.66	2.97	1.16	0.05	7.31	7.17
变频机组8.5kW	17.25	3.48	7.96		0.00	5.81
汽车起重机25t	239.26	74.64	40.31		15.18	109.13

第6章　钢筋、钢构件加工及安装工程

例 13　某引水工程上游铺盖工程

某引水工程上游黏土铺盖剖视图和总平面图如图 6-1～图 6-3 所示。铺盖跨度为 100m，底部为黏土层，采用沥青混凝土材料护面，普通混凝土层护底，钢筋混凝土中钢筋埋设率为 5%。求该黏土铺盖工程预算价格。

已知：(1) 素土夯实采用拖拉机压实，土料干密度为 16.67kN/m³；

(2) 混凝土用 0.4m³ 搅拌机拌制，20t 自卸汽车运输，运距为 1.5km。

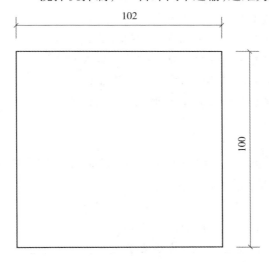

图 6-1　铺盖平面示意图

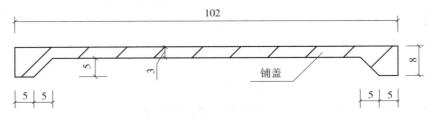

图 6-2　铺盖立面图

【解】　一、清单工程量

1. 土方工程

工程量计算规则：土方开挖工程处于施工图设计阶段，工程量在 100 万 m³ 以下，清单工程量为施工图纸工程量乘以 1.0。

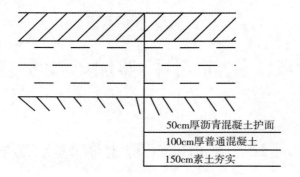

50cm厚沥青混凝土护面
100cm厚普通混凝土
150cm素土夯实

图 6-3   铺盖详图

$$素土夯实清单工程量 = 100 \times 102 \times 1.5 \times 1.0 + (5 + 10) \times 5/2 \times 100 \times 2 \times 1.0$$
$$= 22800 m^3$$

【注释】   100——铺盖底板部分土方开挖的宽度；

    102——铺盖底板部分土方开挖的长度；

    1.5——铺盖底板部分土方开挖的深度；

    5——梯形护坎部分土方开挖的上底边长度；

    10——梯形护坎部分土方开挖的下底边长度；

    5——梯形护坎部分土方开挖的高度；

    100——梯形护坎部分土方开挖的宽度；

    2——梯形护坎的个数。

2. 混凝土工程

工程量计算规则：因混凝土工程处于施工图设计阶段，工程量在 100 万 m^3 以下，清单工程量为施工图纸工程量乘以系数 1.0。

（1）沥青混凝土工程

清单工程量 $= 100 \times 102 \times 0.5 \times 1.0 = 5100 m^3$

【注释】   100——沥青混凝土工程中沥青混凝土护面的宽度；

    102——沥青混凝土工程中沥青混凝土护面的长度；

    0.5——沥青混凝土工程中沥青混凝土护面的厚度。

（2）普通混凝土工程

工程量计算规则：因混凝土工程处于施工图设计阶段，工程量在 100 万 m^3 以下，清单工程量为施工图纸工程量乘以系数 1.0。

清单工程量 $= 100 \times 102 \times 1 \times 1.0 = 10200 m^3$

【注释】   100——普通混凝土工程中混凝土护底的宽度；

    102——普通混凝土工程中混凝土护底的长度；

    1——普通混凝土工程中混凝土护底的厚度。

（3）钢筋制作安装

清单工程量 $= 100 \times 102 \times 1 \times 5\% = 510 kg = 0.51 t$

该引水工程上游铺盖工程清单工程量计算见表 6-1。

表 6-1　工程量清单计算表

序号	项目编码	项目名称	计量单位	工程量	主要技术条款编码
1		建筑工程			
1.1		土方工程			
1.1.1	500101001001	素土夯实	m³	22800	
1.2		混凝土工程	m³		
1.2.1	500109001001	普通混凝土工程		10200	
1.2.2	500109007001	沥青混凝土工程	m³	5100	
1.3		钢筋工程			
1.3.1	500111001001	钢筋加工及安装	t	0.51	

二、定额工程量（套用《水利建筑工程预算定额》）

1. 土方工程

素土夯实定额工程量 $= 100 \times 102 \times 1.5 + (5 + 10) \times 5/2 \times 100 \times 2$

$$= 22800 \text{m}^3 = 228(100 \text{m}^3)$$

套用定额 10473,定额单位:100m³。

2. 沥青混凝土工程

沥青混凝土护面定额工程量 $= 100 \times 102 \times 0.5 = 5100 \text{ m}^3 = 51(100 \text{m}^3)$

套用定额 40293,定额单位:100m³。

3. 钢筋混凝土工程

（1）钢筋制作安装

定额工程量 $= 100 \times 102 \times 1 \times 5\% = 510 \text{kg} = 0.51(\text{t}) = 0.51(\text{t})$

套用定额 40289,定额单位 t。

（2）0.4m³搅拌机拌制混凝土

定额工程量 $= 100 \times 102 \times 1 = 10200 \text{ m}^3 = 102(100 \text{m}^3)$

套用定额 40134,定额单位:100m³。

（3）自卸汽车混凝土

定额工程量 $= 100 \times 102 \times 1 = 10200 \text{ m}^3 = 102(100 \text{m}^3)$

套用定额 40167,定额单位 100m³。

（4）混凝土底板浇筑

定额工程量 $= 100 \times 102 \times 1 = 10200 \text{ m}^3 = 102(100 \text{m}^3)$

套用定额 40058,定额单位 100m³。

某引水工程分类分项工程量清单与计价见表 6-2,工程单价汇总见表 6-3,工程单价计算见表 6-4 ~ 表 6-9,钢筋混凝土材料单价计算和沥青混凝土材料单价计算见表 6-10、表 6-11。

表 6-2　分类分项工程量清单计价表

工程名称:某引水工程上游铺盖工程　　　　　　　　　　　　　　　　　　第　页　共　页

序号	项目编码	项目名称	计量单位	工程量	单价/元	合价/元	主要技术条款编码
1		建筑工程					

（续）

序号	项目编码	项目名称	计量单位	工程量	单价/元	合价/元	主要技术条款编码
1.1		土方工程					
1.1.1	500101001001	素土夯实	m³	22800	4.03	91884	
1.2		混凝土工程					
1.2.1	500109001001	普通混凝土工程	m³	10200	653.18	6662436	
1.2.2	500109007001	沥青混凝土	m³	5100	129.38	659838	
1.3		钢筋工程					
1.3.1	500111001001	钢筋加工及安装	t	0.51	1537.58	784.17	
		合　　计				7414942.17	

表6-3　工程单价汇总表

工程名称:某引水工程上游铺盖工程　　　　　　　　　　　　　　　第　页　共　页

序号	项目编码	项目名称	计量单位	人工费	材料费	机械使用费	施工管理费和利润	税金	合计
1		建筑工程							
1.1		土方工程							
1.1.1	500101001001	素土夯实	m³	0.46	0.28	2.35	0.81	0.13	4.03
1.2		混凝土工程							
1.2.1	500109001001	普通混凝土工程	m³	450.94	21.56	131.61	20.38	28.69	653.18
1.2.2	500109007001	沥青混凝土工程	m³	11.75	21.82	65.7	26.07	4.04	129.38
1.3		钢筋工程							
1.3.1	500111001001	钢筋加工及安装	t	422.81	489.17	267.82	309.81	47.97	1537.58

表6-4　工程单价计算表

工程名称:土方工程　　　　　单价编号:500101001001　　　　　定额单位:100m³实方

施工方法:素土夯实

编号	名称及规格	单位	数量	单价/元	合计/元
1	直接费	元			309.06
1.1	人工费	元			46.40
	初级工	工时	20.00	2.32	46.40
1.2	材料费	元			28.10
	零星材料费	%	10.00	280.96	28.10
1.3	机械费	元			234.56
	拖拉机　74kW	台时	1.89	73.67	139.24
	推土机　74kW	台时	0.50	97.57	48.79
	蛙式打夯机　2.8kW	台时	1.00	13.35	13.35
	刨毛机	台时	0.50	61.72	30.86
	其他机械费	元	1.00	232.24	2.32
2	施工管理费	%	18.00	309.06	55.63

（续）

编号	名称及规格	单 位	数 量	单价/元	合计/元
3	利润	%	7.00	364.69	25.53
4	税金	%	3.22	390.22	12.57
	合计				402.79
	单价				4.03

注:1. 施工管理费以直接费为基数,费率为18%。

2. 利润以管理费、直接费之和为基数,费率为7%。

3. 税金以直接费、管理费、利润之和为基数,费率为7%。

4. 清单综合单价组成明细中数量＝定额工程量/清单工程量/定额单位。

表6-5 工程单价计算表

工程名称:普通混凝土工程　　　　　单价编号:500109001001　　　　　定额单位:1t

施工方法:钢筋制作安装

编号	名称及规格	单 位	数 量	单价/元	合计/元
1	直接费	元			1179.80
1.1	人工费	元			422.81
	工长	工时	10.30	5.40	55.62
	高级工	工时	28.80	5.06	145.73
	中级工	工时	36.00	4.36	156.96
	初级工	工时	27.80	2.32	64.50
1.2	材料费	元			489.17
	钢筋	t	1.02	420.00	428.40
	铁丝	kg	4.00	5.50	22.00
	电焊条	kg	7.22	4.70	33.93
	其他材料费	%	1.00	484.33	4.84
1.3	机械费	元			267.82
	钢筋调直机 14kW	台时	0.60	16.54	9.92
	风砂轮	台时	1.50	39.00	58.50
	钢筋切断机 20kW	台时	0.40	21.98	8.79
	钢筋弯曲机 $\phi 6 \sim 40$	台时	1.05	13.19	13.85
	电焊机 25kVA	台时	10.00	10.87	108.70
	对焊机 150 型	台时	0.40	70.78	28.31
	载重汽车 5t	台时	0.45	54.20	24.39
	塔式起重机 10t	台时	0.10	101.12	10.11
	其他机械费	台时	2.00	262.57	5.25
2	施工管理费	%	18.00	1179.80	212.37
3	利润	%	7.00	1392.16	97.45
4	税金	%	3.22	1489.61	47.97
	合计	元			1537.58
	单价	元			1537.58

表6-6   工程单价计算表

工程名称:普通混凝土工程   单价编号:500109001001   定额单位:100m^3

施工方法:0.4m^3 混凝土拌合机拌制混凝土

编号	名称及规格	单位	数量	单价/元	合计/元
1	直接费	元			1418.20
1.1	人工费	元			910.87
	中级工	工时	122.50	4.36	534.10
	初级工	工时	162.40	2.32	376.77
1.2	材料费	元			27.81
	零星材料费	%	2.00	1390.39	27.81
1.3	机械费	元			479.52
	搅拌机	台时	18.00	22.49	404.82
	胶轮车	台时	83.00	0.90	74.70
2	施工管理费	%	18.00	1418.20	255.28
3	利润	%	7.00	1673.48	117.14
4	税金	%	3.22	1790.62	57.66
	合计	元			1848.28
	单价	元			18.48

表6-7   工程单价计算表

工程名称:普通混凝土工程   单价编号:500109001001   定额单位:100m^3

施工方法:自卸汽车运送混凝土,运距1.5km

编号	名称及规格	单位	数量	单价/元	合计/元
1	直接费	元			1120.77
1.1	人工费	元			77.34
	中级工	工时	13.80	4.36	60.17
	初级工	工时	7.4	2.32	17.17
1.2	材料费	元			53.37
	零星材料费	%	5.00	1067.40	53.37
1.3	机械费	元			990.07
	自卸汽车 20t	台时	6.39	154.94	990.07
2	施工管理费	%	18.00	1120.78	201.74
3	利润	%	7.00	1322.52	92.58
4	税金	%	3.22	1415.10	45.57
	合计	元			1460.67
	单价	元			14.61

表 6-8 工程单价计算表

工程名称:普通混凝土工程　　　　　单价编号:500109001001　　　　　定额单位:100m³

施工方法:混凝土底板

编号	名称及规格	单位	数量	单价/元	合计/元
1	直接费	元			47579.46
1.1	人工费	元			1880.82
	工长	工时	15.60	5.40	84.24
	高级工	工时	20.90	5.06	105.75
	中级工	工时	276.70	4.36	1206.41
	初级工	工时	208.80	2.32	484.42
1.2	材料费	元			45012.67
	混凝土	m³	103.00	433.91	44692.73
	水	m³	120.00	0.80	96.00
	其他材料费	%	0.50	44788.73	223.94
1.3	机械费	元			685.97
	振动器 1.1kW	台时	40.05	2.10	84.11
	风水枪	台时	14.92	39.00	581.88
	其他机械费	%	3.00	665.99	19.98
2	施工管理费	%	18.00	47579.46	8564.30
3	利润	%	7.00	56143.76	3930.06
4	税金	%	3.22	60073.52	1934.38
	合计	元			62008.20
	单价	元			620.02

表 6-9 工程单价计算表

工程名称:沥青混凝土工程　　　　　单价编号:500109007001　　　　　定额单位:100m³实方

施工方法:平面沥青混凝土面板

编号	名称及规格	单位	数 量	单价/元	合计/元
1	直接费	元			9927.25
1.1	人工费	元			1175.14
	工长	工时	17.20	5.40	92.88
	高级工	工时	51.70	5.06	261.60
	中级工	工时	134.80	4.36	587.73
	初级工	工时	100.40	2.32	232.93
1.2	材料费				2182.10
	沥青混凝土	m³	103.00	21.08	2171.24
	其他材料费	%	0.50	2171.24	10.86
1.3	机械费				6570.00

（续）

编号	名称及规格	单位	数 量	单价/元	合计/元
	搅拌楼 LB – 1000 型	台时	5.62	334.26	1878.54
	骨料沥青系统	组时	5.62	16.93	95.15
	摊铺机 GTLY750	台时	5.71	167.45	956.14
	汽车起重机 10t	台时	9.52	87.40	832.05
	拖拉机 88kW	台时	2.86	92.73	265.21
	振动碾 1.5t	台时	2.86	21.45	61.35
	载重汽车 10t	台时	28.00	84.14	2355.92
	保温罐 1.5m³	台时	56.00	1.66	92.96
	其他机械费	%	0.50	6537.31	32.69
二	施工管理费	%	18.00	9927.23	1786.90
三	利润	%	7.00	11714.13	819.99
四	税金	%	3.22	12534.12	403.60
	合计	元			12937.72
	单价	元			129.38

表 6-10　钢筋混凝土材料单价计算表

材料名称	单 位	材料预算量	材料预算价格/元	合计/元
钢筋	t	0.51	585.00	298.35
水泥(32.5)	t	0.27	295.00	79.65
粗砂	m³	0.47	45.00	21.15
卵石	m³	0.77	45.00	34.65
水	m³	0.14	0.80	0.11
单价	元/m³			433.91

表 6-11　沥青混凝土材料单价计算表

材料名称	单 位	材料预算量	材料预算价格/元	合计/元
矿粉	kg	1050.00	1.15	1207.50
沥青	kg	450.00	2.00	900.00
合计	元			2107.50
单价	元/m³			21.08

例 14　某水库进水塔入口排架设计

　　某一小型水库,由于其在拦河闸坝及水库周边安排进水口均不便,并且,库区内地质条件较好,适合建造独立的塔式进水口。为此水库引水口设计成一塔式进水口。将坝顶与进水塔由连接桥相连,便于工作人员开启关闭引水口闸门及检修闸门等。由于连接桥单跨设计跨度较大,拟在连接桥中部采用一个排架基础,将连接桥分段。排架在自身的平面内承载力和刚度都较大,而排架间的承载能力较弱,通常在两个支架之间加上相应的支撑,避免风荷载的一个推动,发生侧向的移动。

本案例中水库塔式进水口交通排架设计如图 6-4、图 6-5 所示,试对本工程进行预算设计。

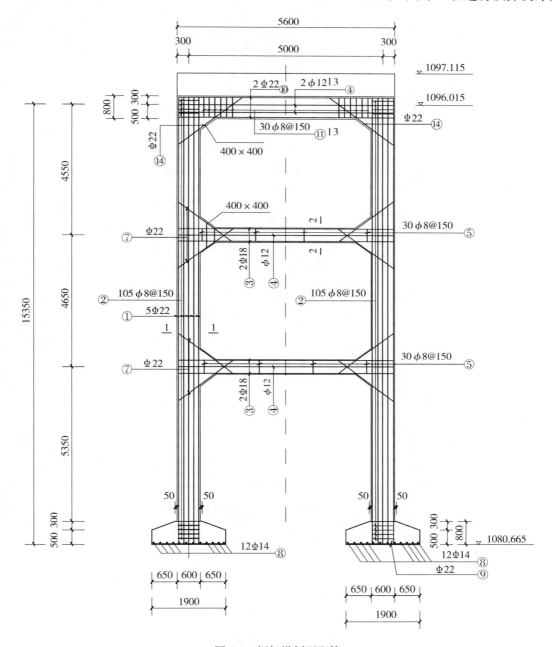

图 6-4　框架纵剖面配筋

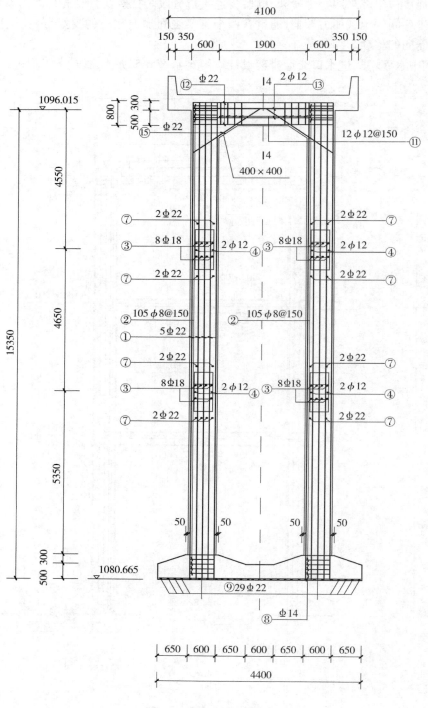

图 6-5　框架横剖面配筋

【解】　一、清单工程量

清单工程量计算规则:清单工程量依据施工图纸计算所得工程量乘以系数1.0。

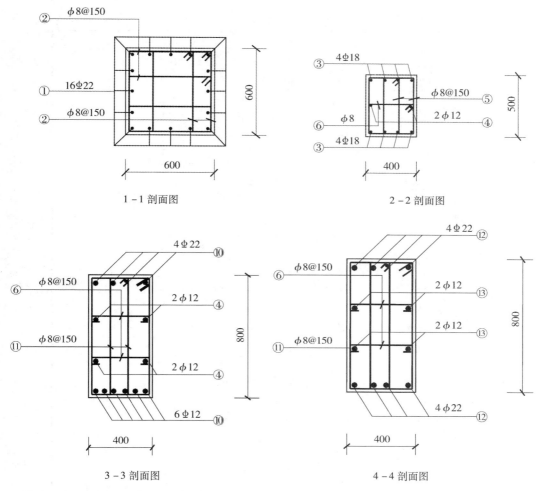

1 - 1 剖面图　　　　　　　　　　　　　2 - 2 剖面图

3 - 3 剖面图　　　　　　　　　　　　　4 - 4 剖面图

说明：1. 该图尺寸单位除高程以 m 计外,其余均以 mm 计。

　　　2. 砼保护层厚度：排架柱、梁取 50mm,顶板取 30mm,基础取 35mm。

　　　3. 钢筋采用 HPB235 和 HRB335,钢筋搭接采用单面焊,搭接长度不小于 10d,单根长度超过 9m,计入一个搭接长
度。

　　　4. 排架柱伸入承台内的钢筋与顶板钢筋有矛盾时,可将排架钢筋适当移动或弯折,但不得截断。

　　　5. 施工时应严格遵守有关水工砼施工规范,注意安全。

图 6-5　框架横剖面配筋(续)

1. 土方工程

（1）排架基础土方开挖（见图 6-4、图 6-5）

清单工程量 ＝（1082. 169 － 1080. 665）×1.9×2×4.4m³ ＝25. 15m³

【注释】　1082.169——排架基础部位地面高程；

　　　　　1080.665——排架基础部位拟开挖底高程；

　　　　　1.9——排架基础开挖宽度；

　　　　　2——排架基础开挖坑个数；

　　　　　4.4——排架基础开挖长度。

钢 筋 表

编号	形　状	直径/mm	单根长/mm	根数	总　长/m	备　注
①	10585 ⌐ 500	$\phi 22$	16085	16×6	1565.28	计入一个搭接长度，为10d
②	500 375	$\phi 8$	1850	105×2×6	2331.0	
③	5500	$\phi 18$	5500	8×8	352.00	
④	5500	$\phi 12$	5650	32	180.8	
⑤	400 200	$\phi 8$	1300	30×2×8	624.00	
⑥	300	$\phi 8$	400	552	220.8	
⑦	1914	$\phi 22$	1914	8×8	122.5	
⑧	4330	$\phi 14$	4330	12×3	152.88	
⑨	1830	$\phi 22$	1830	29×3	159.21	
⑩	5500	$\phi 22$	5500	10×4	220.0	
⑪	700 200	$\phi 8$	1900	312	592.8	
⑫	3000	$\phi 22$	3000	8×3	72.0	
⑬	3000	$\phi 12$	3150	4×3	37.8	
⑭	2304	$\phi 22$	2304	8×2	36.86	
⑮	2304	$\phi 22$	2304	3×4	24.4	

图 6-5　框架横剖面配筋（续）

（2）土方回填（见图 6-4、图 6-5）

清单工程量 $= 25.15 - 1.9 \times 2 \times 4.4 \times 0.8 \text{m}^3 = 11.77 \text{m}^3$

【注释】　25.15——排架基础土方开挖量；

　　　　　1.9——排架基础宽度；

　　　　　2——排架基础个数；

　　　　　4.4——排架基础长度；

　　　　　0.8——排架基础高度。

2. 混凝土工程

（1）C10 素混凝土垫层（图 6-5）

清单工程量 $= 1.9 \times 2 \times 4.4 \times 0.1 \mathrm{m}^3 = 1.67 \mathrm{m}^3$

【注释】　1.9——基础垫层宽度；

2——基础垫层个数；

4.4——基础垫层长度；

0.1——基础垫层厚度。

(2)C25 钢筋混凝土基础(见图 6-4、图 6-5)

清单工程量 $= 1.9 \times 2 \times 4.4 \times 0.8 \mathrm{m}^3 = 13.38 \mathrm{m}^3$

【注释】　1.9——排架基础宽度；

2——排架基础个数；

4.4——排架基础长度；

0.8——排架基础高度。

(3)C25 钢筋混凝土排架(见图 6-4、图 6-5)

①C25 钢筋混凝土排架柱

清单工程量 $= 0.6 \times 0.6 \times 4 \times (1096.015 - 1081.465) \mathrm{m}^3 = 20.95 \mathrm{m}^3$

【注释】　0.6——钢筋混凝土排架柱长度和宽度；

4——钢筋混凝土排架柱个数；

1096.015——钢筋混凝土排架柱柱顶高程；

1081.465 $= (1080.665 +$

0.8)——钢筋混凝土排架柱柱底高程。

②C25 钢筋混凝土排架支撑

清单工程量 $= 0.4 \times 0.5 \times 4 \times (5.6 - 0.6 \times 2) + 0.4 \times 0.4 / 2 \times 0.4 \times 4 \times 4 \mathrm{m}^3$

$= 4.03 \mathrm{m}^3$

【注释】　0.4——钢筋混凝土排架支撑宽度；

0.5——钢筋混凝土排架支撑高度；

4——钢筋混凝土排架支撑个数；

5.6——钢筋混凝土排架横向长度；

0.6——钢筋混凝土排架柱宽度；

0.4×0.4——钢筋混凝土排架支撑腋角尺寸；

4×4——钢筋混凝土排架支撑腋角个数。

③C25 钢筋混凝土排架顶部梁板

清单工程量 $= 4.1 \times 5.0 \times 0.3 + 0.15 \times 5.0 \times (1097.115 - 1096.015) \times 2 + 0.8 \times (5.6 -$

$0.6 \times 2 + 1.9) \times 2 \times 0.4 \mathrm{m}^3$

$= 11.83 \mathrm{m}^3$

【注释】　4.1——钢筋混凝土排架顶部板宽度；

5.0——钢筋混凝土排架顶部梁板长度；

0.3——钢筋混凝土排架顶部板厚度；

0.15——钢筋混凝土排架顶部侧向扶手；

1097.115——钢筋混凝土排架顶部侧向扶手顶高程；

1096.015——钢筋混凝土排架顶部侧向扶手底高程；

0.8——钢筋混凝土排架顶部梁高度;

5.6——钢筋混凝土排架顶部总长度;

0.6——钢筋混凝土排架柱宽度;

1.9——钢筋混凝土排架侧向梁跨度;

0.4——钢筋混凝土排架梁宽度。

排架总清单工程量 $= 20.95 + 4.03 + 11.83 \mathrm{m}^3 = 36.81 \mathrm{m}^3$

(4)钢筋加工及安装

清单工程量 $= 1488.6 + 194.1 + 188.3 + 703.3 + 6565.4 \mathrm{kg} = 9139.7 \mathrm{kg} = 9.140 \mathrm{t}$

【注释】 以上数据如表6-12所示。其中规格直径≤10mm的钢筋采用HPB235钢筋,规格直径≥12mm的钢筋采用HRB335钢筋。

表6-12　排架钢筋用量表

规格/直径 mm	总长/m	单位长度质量/(kg/m)	总重量/kg
8	3768.6	0.395	1488.6
12	218.6	0.888	194.1
14	155.9	1.208	188.3
18	352.0	1.998	703.3
22	2200.2	2.984	6565.4

其他注意事项:

①混凝土保护层厚度:排架柱、梁取50mm,顶板取30mm,基础取35mm。

②排架柱伸入承台内的 钢筋与顶板钢筋有矛盾时,可将排架钢筋适当移动或弯折,但不得截断。

③本排架工程高度较高,施工条件复杂。无其他附属设备安装工程。

该排架建筑及安装工程清单工程量计算表见表6-13。

表6-13　工程量清单计算表

序号	项目编码	项目名称	计量单位	工程量
1		建筑工程		
1.1	500101	土方开挖工程		
1.1.1	500101005001	排架基础土方开挖	m^3	25.15
1.2	500103	土石方回填工程		
1.2.1	500103006001	排架基础土方回填	m^3	11.77
1.2	500109	混凝土工程		
1.2.1	500109001001	C10 素混凝土垫层	m^3	1.67
1.2.2	500109001002	C25 钢筋混凝土基础	m^3	13.38
1.2.3	500109001003	C25 钢筋混凝土排架	m^3	36.81
1.3	500111	钢筋、钢构件加工及安装工程		
1.3.1	500111001001	钢筋加工及安装	t	9.14

二、定额工程量(套用《水利建筑工程预算定额》中华人民共和国水利部)

1. 土方工程

(1)排架基础土方开挖——0.6m³ 液压反铲挖掘机挖渠道土方自卸汽车运输

定额工程量 = (1082.169 − 1080.665) × 2.1 × 2 × 4.6m³

　　　　　　= 29.06m³ = 0.2906(100m³)

适用范围:Ⅲ类土、上口宽度小于16m 的土渠。

工作内容:机械开挖,装汽车运土,人工配合挖保护层,胶轮车倒运土50m,修边、修底等。

套用定额编号10447,定额单位:100m³。

(2)排架基础土方回填工程——建筑物回填土石

定额工程量 = 29.06 − 1.9 × 2 × 4.4 × 0.8m³ = 15.68m³ = 0.1568(100m³)

套用定额编号10465,定额单位:100m³。

2. 混凝土工程

(1)C10 素混凝土垫层——其他混凝土

定额工程量 = 1.9 × 2 × 4.4 × 0.1m³ = 1.67m³ = 0.0167(100m³)

套用定额编号40099,定额单位:100m³。

①搅拌楼拌制混凝土

定额工程量 = 1.9 × 2 × 4.4 × 0.1m³ = 1.67m³ = 0.0167(100m³)

工作内容:储料、配料、分料、搅拌、加水、加外加剂、出料、机械清洗。

套用定额40136,定额单位:100m³。

②自卸汽车运混凝土

定额工程量 = 1.9 × 2 × 4.4 × 0.1m³ = 1.67 m³ = 0.0167(100m³)

适用范围:配合搅拌楼或设有储料箱装车。

工作内容:装车、运输、卸料、空回、清洗。

套用定额编号40167,定额单位:100m³。

(2)C25 钢筋混凝土基础——其他混凝土

定额工程量 = 1.9 × 2 × 4.4 × 0.8m³ = 13.38m³ = 0.1338(100m³)

套用定额编号40099,定额单位:100m³。

①搅拌楼拌制混凝土

定额工程量 = 1.9 × 2 × 4.4 × 0.8m³ = 13.38m³ = 0.1338(100m³)

工作内容:储料、配料、分料、搅拌、加水、加外加剂、出料、机械清洗。

套用定额40136,定额单位:100m³。

②自卸汽车运混凝土

定额工程量 = 1.9 × 2 × 4.4 × 0.8m³ = 13.38m³ = 0.1338(100m³)

适用范围:配合搅拌楼或设有储料箱装车。

工作内容:装车、运输、卸料、空回、清洗。

套用定额编号40167,定额单位:100m³。

(3)C25 钢筋混凝土排架——排架

①C25 钢筋混凝土排架柱

定额工程量 = 0.6 × 0.6 × 4 × (1096.015 − 1081.465)m³

　　　　　　= 20.95m³ = 0.2095(100m³)

套用定额编号40091,定额单位:100m³。

②C25 钢筋混凝土排架支撑

定额工程量 $= 0.4 \times 0.5 \times 4 \times (5.6 - 0.6 \times 2) + 0.4 \times 0.4/2 \times 0.4 \times 4 \times 4\text{m}^3$

$\qquad = 4.03\text{m}^3 = 0.0403(100\text{m}^3)$

套用定额编号40091,定额单位:100m³。

③C25 钢筋混凝土排架顶部梁板

定额工程量 $= 4.1 \times 5.0 \times 0.3 + 0.15 \times 5.0 \times (1097.115 - 1096.015) \times 2 + 0.8 \times (5.6 -$

$\qquad 0.6 \times 2 + 1.9) \times 2 \times 0.4\text{m}^3$

$\qquad = 11.83\text{m}^3 = 0.1183(100\text{m}^3)$

套用定额编号40091,定额单位:100m³。

总定额工程量 $= 20.95 + 4.03 + 11.83 = 36.81\text{m}^3 = 0.3681(100\text{m3})$

④搅拌楼拌制混凝土

定额工程量 $= 20.95 + 4.03 + 11.83\text{m}^3 = 36.81\text{m}^3 = 0.3681(100\text{m}^3)$

工作内容:储料、配料、分料、搅拌、加水、加外加剂、出料、机械清洗。

套用定额40136,定额单位:100m³。

⑤自卸汽车运混凝土

定额工程量 $= 20.95 + 4.03 + 11.83\text{m}^3 = 36.81\text{m}^3 = 0.3681(100\text{m}^3)$

适用范围:配合搅拌楼或设有储料箱装车。

工作内容:装车、运输、卸料、空回、清洗。

套用定额编号40167,定额单位:100m³。

4. 钢筋加工及安装

钢筋制作及安装

定额工程量 $= 1488.6 + 194.1 + 188.3 + 703.3 + 6565.4\text{kg} = 9139.7\text{kg} = 9.140\text{t}$

套用定额编号40289,定额单位:1t。

分类分项工程工程量清单计价表见表6-14。

表 6-14   分类分项工程工程量清单计价表

序号	项目编码	项目名称	计量单位	工程量	单价/元	合价/元
1		建筑工程				
1.1	500101	土方开挖工程				
1.1.1	500101005001	排架基础土方开挖	m³	25.51	38.47	981.35
1.2	500103	土石方回填工程				
1.2.1	500103006001	排架基础土方回填	m³	11.77	17.36	204.38
1.3	500109	混凝土工程				
1.3.1	500109001001	C10 素混凝土垫层	m³	1.67	391.29	653.46
1.3.2	500109001002	C25 钢筋混凝土基础	m³	13.38	434.96	5819.70
1.3.3	500109001003	C25 钢筋混凝土排架	m³	36.81	452.70	16663.71
1.4	500111	钢筋、钢构件加工及安装工程				
1.4.1	500111001001	钢筋加工及安装	t	9.14	7683.05	70223.08
		合　计				93954.29

表6-15 工程单价汇总表

序号	项目编码	项目名称	计量单位	人工费	材料费	机械费	施工管理费和利润	税金
1		建筑工程						
1.1	500101	土方开挖工程						
1.1.1	500101005001	排架基础土方开挖	100m³	146.88	92.01	2916.52	585.73	105.78
1.2	500103	土石方回填工程						
1.2.1	500103006001	排架基础土方回填	100m³	959.63	62.06	281.49	391.51	41.79
1.3	500109	混凝土工程						
1.3.1	500109001001	C10 素混凝土垫层	100m³	1966.23	21647.14	4481.06	9661.59	1373.43
1.3.2	500109001002	C25 钢筋混凝土基础	100m³	1966.23	24897.81	4481.06	10638.17	1512.25
1.3.3	500109001003	C25 钢筋混凝土排架	100m³	3828.97	25147.74	3689.19	11034.98	1568.65
1.4	500111	钢筋、钢构件加工及安装工程						
1.4.1	500111001001	钢筋加工及安装	t	550.65	4854.36	315.47	1718.57	244.00

表6-16 工程量清单综合单价分析

工程名称:某水库进水塔入口排架   第1页 共6页

项目编码	500101005001	项目名称		排架基础土方开挖		计量单位		m³

清单综合单价组成明细

定额编号	定额名称	定额单位	数量	单价				合价			
				人工费	材料费	机械费	管理费和利润	人工费	材料费	机械费	管理费和利润
10447	0.6m³ 液压反铲挖掘机挖渠道土方自卸汽车运输	100m³	29.06/25.15 =1.16	126.62	79.32	2514.24	504.94	146.88	92.01	2916.52	585.73
人工单价		小 计						146.88	92.01	2916.52	585.73
3.04 元/工时(初级工)		未计材料费						—			
清单项目综合单价							3741.14/100 =37.41				

	主要材料名称、规格、型号				单位	数量	单价/元	合价/元	暂估单价/元	暂估合价/元
材料费明细										
	其他材料费						—	92.01	—	
	材料费小计						—	92.01	—	

表 6-17　工程量清单综合单价分析

工程名称:某水库进水塔入口排架

项目编码	500103006001		项目名称			排架基础土方回填工程			计量单位			m³
清单综合单价组成明细												
定额编号	定额名称	定额单位	数量	单　价				合　价				
				人工费	材料费	机械费	管理费和利润	人工费	材料费	机械费	管理费和利润	
10465	建筑物回填土石	100m³	15.68/11.77=1.33	721.53	46.66	211.65	294.37	959.63	62.06	281.49	391.51	
	人工单价			小　计				959.63	62.06	281.49	391.51	
3.04 元/工时(初级工) 7.11 元/工时(工长)				未计材料费				—				
清单项目综合单价								1694.70/100=16.95				

材料费明细	主要材料名称、规格、型号	单位	数量	单价/元	合价/元	暂估单价/元	暂估合价/元
	其他材料费			—	62.06	—	
	材料费小计			—	62.06		

表 6-18　工程量清单综合单价分析

工程名称:某水库进水塔入口排架

项目编码	500109001001		项目名称			C10 素混凝土垫层			计量单位			m³
清单综合单价组成明细												
定额编号	定额名称	定额单位	数量	单　价				合　价				
				人工费	材料费	机械费	管理费和利润	人工费	材料费	机械费	管理费和利润	
40136	搅拌楼拌制混凝土	100m³	1.67/1.67=1	167.67	103.74	1907.11	654.48	167.67	103.74	1907.11	654.48	
40167	自卸汽车运混凝土	100m³	1.67/1.67=1	100.13	84.18	1583.49	531.08	100.13	84.18	1583.49	531.08	
40099	其他混凝土	100m³	1.67/1.67=1	1698.43	21459.22	990.46	8476.03	1698.43	21459.22	990.46	8476.03	
	人工单价			小　计				1966.23	21647.14	4481.06	9661.59	
3.04 元/工时(初级工) 5.62 元/工时(中级工) 6.11 元/工时(高级工) 7.11 元/工时(工长)				未计材料费				—				
清单项目综合单价								37756.02/100=377.56				

材料费明细	主要材料名称、规格、型号	单位	数量	单价/元	合价/元	暂估单价/元	暂估合价/元
	混凝土　C10	m³	103	204.04	21016.12		
	水	m³	120	0.19	22.80		
	其他材料费			—	608.22		
	材料费小计			—	21647.14		

表6-19　工程量清单综合单价分析

工程名称:某水库进水塔入口排架　　　　　　　　　　　　　　　　　　　　第4页　共6页

项目编码	500109001002	项目名称	C25 钢筋混凝土基础		计量单位		m³

清单综合单价组成明细

定额编号	定额名称	定额单位	数量	单价				合价			
				人工费	材料费	机械费	管理费和利润	人工费	材料费	机械费	管理费和利润
40136	搅拌楼拌制混凝土	100m³	13.38/13.38 = 1	167.67	103.74	1907.11	654.48	167.67	103.74	1907.11	654.48
40167	自卸汽车运混凝土	100m³	13.38/13.38 = 1	100.13	84.18	1583.49	531.08	100.13	84.18	1583.49	531.08
40099	其他混凝土	100m³	13.38/13.38 = 1	1698.43	24709.89	990.46	9452.61	1698.43	24709.89	990.46	9452.61
人工单价			小　计					1966.23	24897.81	4481.06	10638.17
3.04 元/工时(初级工) 5.62 元/工时(中级工) 6.11 元/工时(高级工) 7.11 元/工时(工长)			未计材料费					—			
清单项目综合单价								41983.27/100 = 419.83			

材料费明细	主要材料名称、规格、型号	单位	数量	单价/元	合价/元	暂估单价/元	暂估合价/元
	混凝土　C10	m³	103	234.98	24202.94		
	水	m³	120	0.19	22.80		
	其他材料费			—	672.07	—	
	材料费小计			—	24897.81	—	

表6-20　工程量清单综合单价分析

工程名称:某水库进水塔入口排架　　　　　　　　　　　　　　　　　　　　第5页　共6页

项目编码	500109001003	项目名称	C25 钢筋混凝土排架		计量单位		m³

清单综合单价组成明细

定额编号	定额名称	定额单位	数量	单价				合价			
				人工费	材料费	机械费	管理费和利润	人工费	材料费	机械费	管理费和利润
40136	搅拌楼拌制混凝土	100m³	36.81/36.81 = 1	167.67	103.74	1907.11	654.48	167.67	103.74	1907.11	654.48
40167	自卸汽车运混凝土	100m³	36.81/36.81 = 1	100.13	84.18	1583.49	531.08	100.13	84.18	1583.49	531.08
40091	排架	100m³	36.81/36.81 = 1	3561.17	24959.82	198.59	9849.42	3561.17	24959.82	198.59	9849.42
人工单价			小　计					3828.97	25147.74	3689.19	11034.98
3.04 元/工时(初级工) 5.62 元/工时(中级工) 6.11 元/工时(高级工) 7.11 元/工时(工长)			未计材料费					—			

（续）

清单项目综合单价					43700.88/100 = 437.01			
材料费明细	主要材料名称、规格、型号	单位	数量	单价/元	合价/元	暂估单价/元	暂估合价/元
	混凝土 C25	m³	103	234.98	24202.94		
	水	m³	160	0.19	30.40		
	其他材料费			—	914.40	—	
	材料费小计			—	25147.74	—	

表 6-21   工程量清单综合单价分析

工程名称:某水库进水塔入口排架   第6页   共6页

项目编码	500111001001	项目名称		钢筋加工及安装		计量单位		1t

				清单综合单价组成明细							

定额编号	定额名称	定额单位	数量	单 价				合 价			
				人工费	材料费	机械费	管理费和利润	人工费	材料费	机械费	管理费和利润
40289	钢筋制作与安装	1t	9.140/9.140=1	550.65	4854.36	315.47	1718.57	550.65	4854.36	315.47	1718.57
人工单价		小 计						550.65	4854.36	315.47	1718.57

3.04 元/工时(初级工)	
5.62 元/工时(中级工)	未计材料费
6.61 元/工时(中级工)	
7.11 元/工时(工长)	

清单项目综合单价					7439.05			
材料费明细	主要材料名称、规格、型号	单位	数量	单价/元	合价/元	暂估单价/元	暂估合价/元
	钢筋	t	1.02	4644.48	4737.37		
	铁丝	kg	4.00	5.50	22.00		
	电焊条	kg	7.22	6.50	46.93		
	其他材料费			—	48.06	—	
	材料费小计			—	4854.36	—	

表 6-22   水利建筑工程预算单价计算表

工程名称:排架基础土方开挖

0.6m³ 液压反铲挖掘机挖渠道土方自卸汽车运输(运距:5km)					
定额编号	水利部:10447	单价号	500101005001	单位:100m³	
适用范围:Ⅲ类土、上口宽度小于16m 的土渠					
工作内容:机械开挖,装汽车运土,人工配合挖保护层,胶轮车倒运土50m,修边、修底等					
编号	名称及规格	单位	数 量	单价/元	合计/元
一	直接工程费				3036.33
1	直接费				2723.17
(1)	人工费				129.62
	初级工	工时	42.6	3.04	129.62

（续）

编号	名称及规格	单位	数　量	单价/元	合计/元
（2）	材料费				79.32
	零星材料费	%	3	2643.85	79.32
（3）	机械费				2514.24
	反铲挖掘机 0.6m³	台时	1.48	153.34	226.94
	推土机 59kW	台时	0.74	111.73	82.68
	自卸汽车 5t	台时	21.22	103.50	2196.19
	胶轮车	台时	9.36	0.90	8.42
2	其他直接费	2723.17	2.50%		68.08
3	现场经费	2723.17	9.00%		245.08
二	间接费	3036.33	9.00%		273.27
三	企业利润	3309.60	7.00%		231.67
四	税金	3541.27	3.284%		116.30
五	其他				
六	合计				3657.57

表 6-23　水利建筑工程预算单价计算表

工程名称：排架基础土方回填工程

建筑物回填土石					
定额编号	水利部:10465	单价号	500103006001	单位:100m³	
工作内容:夯填土,包括 5m 内取土、倒土、平土、洒水、夯实(干密度 1.6g/cm³ 以下)					
编号	名称及规格	单位	数　量	单价/元	合计/元
一	直接工程费				1092.52
1	直接费				979.84
（1）	人工费				721.53
	工长	工时	4.6	7.11	32.68
	初级工	工时	226.4	3.04	688.85
（2）	材料费				46.66
	零星材料费	%	5	933.18	46.66
（3）	机械费				211.65
	蛙式打夯机	台时	14.4	14.70	211.65
2	其他直接费	979.84	2.50%		24.50
3	现场经费	979.84	9.00%		88.19
二	间接费	1092.52	9.00%		98.33
三	企业利润	1190.85	7.00%		83.36
四	税金	1274.21	3.284%		41.84
五	其他				
六	合计				1316.05

表 6-24　水利建筑工程预算单价计算表

工程名称:C10 素混凝土垫层

<table>
<tr><td colspan="6" align="center">其他混凝土</td></tr>
<tr><td>定额编号</td><td>水利部:40099</td><td>单价号</td><td>500109001001</td><td colspan="2">单位:100m³</td></tr>
<tr><td colspan="6">适用范围:基础,包括排架基础、一般设备基础等</td></tr>
<tr><td>编号</td><td>名称及规格</td><td>单位</td><td>数　量</td><td>单价/元</td><td>合计/元</td></tr>
<tr><td>一</td><td>直接工程费</td><td></td><td></td><td></td><td>31458.08</td></tr>
<tr><td>1</td><td>直接费</td><td></td><td></td><td></td><td>28213.53</td></tr>
<tr><td>(1)</td><td>人工费</td><td></td><td></td><td></td><td>1698.43</td></tr>
<tr><td></td><td>工长</td><td>工时</td><td>10.9</td><td>7.11</td><td>77.45</td></tr>
<tr><td></td><td>高级工</td><td>工时</td><td>18.1</td><td>6.61</td><td>119.67</td></tr>
<tr><td></td><td>中级工</td><td>工时</td><td>188.5</td><td>5.62</td><td>1060.14</td></tr>
<tr><td></td><td>初级工</td><td>工时</td><td>145.0</td><td>3.04</td><td>441.18</td></tr>
<tr><td>(2)</td><td>材料费</td><td></td><td></td><td></td><td>21459.22</td></tr>
<tr><td></td><td>混凝土 C10</td><td>m³</td><td>103</td><td>204.04</td><td>21016.09</td></tr>
<tr><td></td><td>水</td><td>m³</td><td>120</td><td>0.19</td><td>22.37</td></tr>
<tr><td></td><td>其他材料费</td><td>%</td><td>2.0</td><td>21038.46</td><td>420.77</td></tr>
<tr><td>(3)</td><td>机械费</td><td></td><td></td><td></td><td>990.46</td></tr>
<tr><td></td><td>振动器1.1kW</td><td>台时</td><td>20.00</td><td>2.27</td><td>45.33</td></tr>
<tr><td></td><td>风水枪</td><td>台时</td><td>26.00</td><td>32.89</td><td>855.10</td></tr>
<tr><td></td><td>其他机械费</td><td>%</td><td>10.00</td><td>900.42</td><td>90.04</td></tr>
<tr><td>(4)</td><td>嵌套项</td><td></td><td></td><td></td><td>4065.41</td></tr>
<tr><td></td><td>混凝土拌制</td><td>m³</td><td>103</td><td>21.79</td><td>2244.37</td></tr>
<tr><td></td><td>混凝土运输</td><td>m³</td><td>103</td><td>17.68</td><td>1821.04</td></tr>
<tr><td>2、</td><td>其他直接费</td><td></td><td>28213.53</td><td>2.50%</td><td>705.34</td></tr>
<tr><td>3、</td><td>现场经费</td><td></td><td>28213.53</td><td>9.00%</td><td>2539.22</td></tr>
<tr><td>二</td><td>间接费</td><td></td><td>31458.08</td><td>9.00%</td><td>2831.23</td></tr>
<tr><td>三</td><td>企业利润</td><td></td><td>34289.31</td><td>7.00%</td><td>2400.25</td></tr>
<tr><td>四</td><td>税金</td><td></td><td>36689.56</td><td>3.284%</td><td>1204.89</td></tr>
<tr><td>五</td><td>其他</td><td></td><td></td><td></td><td></td></tr>
<tr><td>六</td><td>合计</td><td></td><td></td><td></td><td>37894.45</td></tr>
</table>

表 6-25　水利建筑工程预算单价计算表

工程名称:C10 素混凝土垫层

<table>
<tr><td colspan="6" align="center">搅拌楼拌制混凝土</td></tr>
<tr><td>定额编号</td><td>水利部:40136</td><td>单价号</td><td>500109001001</td><td colspan="2">单位:100m³</td></tr>
<tr><td colspan="6">工作内容:场内配运水泥、骨料,投料、加水、加外加剂、搅拌、出料、机械清洗</td></tr>
<tr><td>编号</td><td>名称及规格</td><td>单位</td><td>数　量</td><td>单价/元</td><td>合计/元</td></tr>
<tr><td>一</td><td>直接工程费</td><td></td><td></td><td></td><td>2429.05</td></tr>
<tr><td>1</td><td>直接费</td><td></td><td></td><td></td><td>2178.52</td></tr>
<tr><td>(1)</td><td>人工费</td><td></td><td></td><td></td><td>167.67</td></tr>
</table>

（续）

编号	名称及规格	单位	数量	单价/元	合计/元
	工长	工时	2.3	7.11	16.34
	高级工	工时	2.3	6.61	15.21
	中级工	工时	17.1	5.62	96.17
	初级工	工时	23.5	3.04	71.50
（2）	材料费				103.74
	零星材料费	%	5.0	2074.78	103.74
（3）	机械费				1907.11
	搅拌楼	台时	2.87	214.71	616.21
	骨料系统	组时	2.87	326.23	936.28
	水泥系统	组时	2.87	123.56	354.62
2、	其他直接费		2178.52	2.50%	54.46
3	现场经费		2178.52	9.00%	196.07
二	间接费		2429.05	9.00%	218.61
三	企业利润		2647.67	7.00%	185.34
四	税金		2833.01	3.284%	93.04
五	其他				
六	合计				2926.04

表 6-26　水利建筑工程预算单价计算表

工程名称：C10 素混凝土垫层

自卸汽车运混凝土

定额编号	水利部：40167	单价号	500109001001		单位：100m³

适用范围：配合搅拌楼或设有储料箱装车

工作内容：装车、运输、卸料、空回、清洗

编号	名称及规格	单位	数量	单价/元	合计/元
一	直接工程费				1971.09
1	直接费				1767.80
（1）	人工费				100.13
	中级工	工时	13.8	5.62	77.61
	初级工	工时	7.4	3.04	22.52
（2）	材料费				84.18
	零星材料费	%	5.0	1683.62	84.18
（3）	机械费				1583.49
	自卸汽车　5t	台时	15.30	103.50	1583.49
2	其他直接费		1767.80	2.50%	44.19
3	现场经费		1767.80	9.00%	159.10

（续）

编号	名称及规格	单位	数　量	单价/元	合计/元
二	间接费		1971.09	9.00%	177.40
三	企业利润		2148.49	7.00%	150.39
四	税金		2298.89	3.284%	75.50
五	其他				
六	合计				2374.38

表 6-27　水利建筑工程预算单价计算表

工程名称:C25 钢筋混凝土基础

其他混凝土

定额编号	水利部:40099		单价号	500109001002		单位:100m³

适用范围:基础,包括排架基础、一般设备基础等

编号	名称及规格	单位	数　量	单价/元	合计/元
一	直接工程费				35082.57
1	直接费				31464.19
(1)	人工费				1698.43
	工长	工时	10.9	7.11	77.45
	高级工	工时	18.1	6.61	119.67
	中级工	工时	188.5	5.62	1060.14
	初级工	工时	145.0	3.04	441.18
(2)	材料费				24709.89
	混凝土 C25	m³	103	234.98	24203.01
	水	m³	120	0.19	22.37
	其他材料费	%	2.0	24225.38	484.51
(3)	机械费				990.46
	振动器 1.1kW	台时	20.00	2.27	45.33
	风水枪	台时	26.00	32.89	855.10
	其他机械费	%	10.00	900.42	90.04
(4)	嵌套项				4065.41
	混凝土拌制	m³	103	21.79	2244.37
	混凝土运输	m³	103	17.68	1821.04
2	其他直接费		31464.19	2.50%	786.60
3	现场经费		31464.19	9.00%	2831.78
二	间接费		35082.57	9.00%	3157.43
三	企业利润		38240.00	7.00%	2676.80
四	税金		40916.80	3.284%	1343.71
五	其他				
六	合计				42260.51

表 6-28　水利建筑工程预算单价计算表

工程名称:C25 钢筋混凝土排架

<table>
<tr><td colspan="6" align="center">排　架</td></tr>
<tr><td colspan="2">定额编号　　水利部:40091</td><td>单价号</td><td colspan="3">500109001003　　　　　　单位:100m³</td></tr>
<tr><td colspan="6">适用范围:渡槽、变电站、桥梁</td></tr>
<tr><td>编号</td><td>名称及规格</td><td>单位</td><td>数　量</td><td>单价/元</td><td>合计/元</td></tr>
<tr><td>一</td><td>直接工程费</td><td></td><td></td><td></td><td>36555.27</td></tr>
<tr><td>1</td><td>直接费</td><td></td><td></td><td></td><td>32784.99</td></tr>
<tr><td>(1)</td><td>人工费</td><td></td><td></td><td></td><td>3561.17</td></tr>
<tr><td></td><td>工长</td><td>工时</td><td>21.5</td><td>7.11</td><td>152.76</td></tr>
<tr><td></td><td>高级工</td><td>工时</td><td>64.7</td><td>6.61</td><td>427.76</td></tr>
<tr><td></td><td>中级工</td><td>工时</td><td>409.5</td><td>5.62</td><td>2303.05</td></tr>
<tr><td></td><td>初级工</td><td>工时</td><td>222.7</td><td>3.04</td><td>677.59</td></tr>
<tr><td>(2)</td><td>材料费</td><td></td><td></td><td></td><td>24959.82</td></tr>
<tr><td></td><td>混凝土 C25</td><td>m³</td><td>103</td><td>234.98</td><td>24203.01</td></tr>
<tr><td></td><td>水</td><td>m³</td><td>160</td><td>0.19</td><td>29.83</td></tr>
<tr><td></td><td>其他材料费</td><td>%</td><td>3.0</td><td>24232.83</td><td>726.99</td></tr>
<tr><td>(3)</td><td>机械费</td><td></td><td></td><td></td><td>198.59</td></tr>
<tr><td></td><td>振动器1.1kW</td><td>台时</td><td>44.00</td><td>2.27</td><td>99.72</td></tr>
<tr><td></td><td>风水枪</td><td>台时</td><td>2.00</td><td>32.89</td><td>65.78</td></tr>
<tr><td></td><td>其他机械费</td><td>%</td><td>20.00</td><td>165.49</td><td>33.10</td></tr>
<tr><td>(4)</td><td>嵌套项</td><td></td><td></td><td></td><td>4065.41</td></tr>
<tr><td></td><td>混凝土拌制</td><td>m³</td><td>103</td><td>21.79</td><td>2244.37</td></tr>
<tr><td></td><td>混凝土运输</td><td>m³</td><td>103</td><td>17.68</td><td>1821.04</td></tr>
<tr><td>2</td><td>其他直接费</td><td></td><td>32784.99</td><td>2.50%</td><td>819.62</td></tr>
<tr><td>3</td><td>现场经费</td><td></td><td>32784.99</td><td>9.00%</td><td>2950.65</td></tr>
<tr><td>二</td><td>间接费</td><td></td><td>36555.27</td><td>9.00%</td><td>3289.97</td></tr>
<tr><td>三</td><td>企业利润</td><td></td><td>39845.24</td><td>7.00%</td><td>2789.17</td></tr>
<tr><td>四</td><td>税金</td><td></td><td>42634.41</td><td>3.284%</td><td>1400.11</td></tr>
<tr><td>五</td><td>其他</td><td></td><td></td><td></td><td></td></tr>
<tr><td>六</td><td>合计</td><td></td><td></td><td></td><td>44034.52</td></tr>
</table>

表 6-29　水利建筑工程预算单价计算表

工程名称:钢筋加工及安装

<table>
<tr><td colspan="6" align="center">钢筋制作与安装</td></tr>
<tr><td colspan="2">定额编号　　水利部:40289</td><td>单价号</td><td colspan="3">500111001001　　　　　　单位:1t</td></tr>
<tr><td colspan="6">适用范围:水工建筑物各部位及预制构件</td></tr>
<tr><td colspan="6">工作内容:回直、除锈、切断、弯制、焊接、绑扎及加工场至施工场地运输</td></tr>
<tr><td>编号</td><td>名称及规格</td><td>单位</td><td>数　量</td><td>单价/元</td><td>合计/元</td></tr>
<tr><td>一</td><td>直接工程费</td><td></td><td></td><td></td><td>6378.33</td></tr>
<tr><td>1</td><td>直接费</td><td></td><td></td><td></td><td>5720.47</td></tr>
<tr><td>(1)</td><td>人工费</td><td></td><td></td><td></td><td>550.65</td></tr>
</table>

（续）

编号	名称及规格	单位	数　量	单价/元	合计/元
	工长	工时	10.3	7.11	73.18
	高级工	工时	28.8	6.61	190.41
	中级工	工时	36.0	5.62	202.47
	初级工	工时	27.8	3.04	84.58
（2）	材料费				4854.36
	钢筋	t	1.02	4644.48	4737.37
	铁丝	kg	4.00	5.50	22.00
	电焊条	kg	7.22	6.50	46.93
	其他材料费	%	1.0	4806.30	48.06
（3）	机械费				315.47
	钢筋调直机 14kW	台时	0.60	18.58	11.15
	风砂枪	台时	1.50	32.89	49.33
	钢筋切断机 20kW	台时	0.40	26.10	10.44
	钢筋弯曲机 $\phi6 \sim 40$	台时	1.05	14.98	15.73
	电焊机 25kVA	台时	10.00	13.88	138.84
	对焊机 150 型	台时	0.40	86.90	34.76
	载重汽车 5t	台时	0.45	95.61	43.02
	塔式起重机 10t	台时	0.10	109.86	10.99
	其他机械费	%	2	60.48	1.21
2	其他直接费		5720.47	2.50%	143.01
3	现场经费		5720.47	9.00%	514.84
二	间接费		6378.33	9.00%	574.05
三	企业利润		6952.38	7.00%	486.67
四	税金		7439.04	3.284%	244.30
五	其他				
六	合计				7683.34

表 6-30　人工费基本数据表

项目名称	单　位	工　长	高级工	中级工	初级工
基本工资标准	元/月	550.00	500.00	400.00	270.00
地区工资系数		1.0000	1.0000	1.0000	1.0000
地区津贴标准	元/月				
夜餐津贴比率	%	30.00	30.00	30.00	30.00
施工津贴标准	元/天	5.30	5.30	5.30	2.65
养老保险费率	%	20.00	20.00	20.00	10.00
住房公积金费率	%	5.00	5.00	5.00	2.50
工时单价	元/时	7.11	6.61	5.62	3.04

表 6-31　材料费基本数据表

名称及规格		钢筋	水泥32.5#	水泥42.5#	汽油	柴油	砂（中砂）	石子（碎石）	块石
单位		t	t	t	t	t	m³	m³	m³
单位毛重/t		1	1	1	1	1	1.55	1.45	1.7
每吨每公里运费/元		0.70	0.70	0.70	0.70	0.70	0.70	0.70	0.70
价格/元（卸车费和保管费按照郑州市造价信息提供的价格计算）	原价	4500	330	360	9390	8540	110	50	50
	运距	6	6	6	6	6	6	6	6
	卸车费	5	5	5			5	5	5
	运杂费	9.20	9.20	9.20	4.20	4.20	14.26	13.34	15.64
	保管费	135.28	10.18	11.08	281.83	256.33	3.73	1.90	1.97
	运到工地分仓库价格/t	4509.20	339.20	369.20	9394.20	8544.20	124.26	63.34	65.64
	保险费								
	预算价/元	4644.48	349.38	380.28	9676.03	8800.53	127.99	65.24	67.61

表 6-32　混凝土单价计算基本数据表

混凝土材料单价计算表									单位：m³
单价/元	混凝土标号	水泥强度等级	级配	预算量					
				水泥/kg	掺合料/kg膨润土	砂/m³	石子/m³	外加剂/kgREA	水/m³
233.28	M7.5	32.5		261		1.11			0.157
204.04	C10	32.5	1	237		0.58	0.72		0.170
234.98	C25	42.5	1	353		0.50	0.73		0.170

表 6-33　机械台时费单价计算基本数据表

名称及规格	台时费	折旧费	修理费	安拆费	人工费	动力燃料费
汽车起重机 10t	125.48	25.08	17.45		15.18	67.76
灰浆搅拌机	16.34	0.83	2.28	0.20	7.31	5.72
胶轮车	0.90	0.26	0.64		0.00	0.00
振捣器插入式 1.1kW	2.27	0.32	1.22		0.00	0.73
风（砂）水枪 6m³/min	32.89	0.24	0.42		0.00	32.23
混凝土搅拌机 0.4m³	24.82	3.29	5.34	1.07	7.31	7.81
龙门式起重机 10t	56.76	20.42	5.96	0.99	13.50	15.89
钢筋切断机 20kW	26.10	1.18	1.71	0.28	7.31	15.62
载重汽车 5t	95.61	7.77	10.86		7.31	69.67
电焊机交流 25kVA	13.88	0.33	0.30	0.09	0.00	13.16
钢筋调直机 4~14kW	18.58	1.60	2.69	0.44	7.31	6.54
钢筋弯曲机 φ6-40	14.98	0.53	1.45	0.24	7.31	5.45

（续）

名称及规格	台时费	折旧费	修理费	安拆费	人工费	动力燃料费
对焊机电弧型 150kVA	86.90	1.69	2.56	0.76	7.31	74.58
塔式起重机 10t	109.86	41.37	16.89	3.10	15.18	33.32
电焊机 20kW	19.87	0.94	0.60	0.17	0.00	18.16
自卸汽车 5t	103.50	10.73	5.37		7.31	80.08
搅拌楼	214.71	93.27	25.91		41.06	54.47

第7章 机电设备安装工程

例15 某水电站机电设备安装工程

某水电站厂房平面图如图7-1所示。该电站厂房内布置有3台75MW竖轴轴流式水轮机组,调速器3台,型号为ST-150,油压装置1套,型号为YS-2.0,每台机组自重300t;每台水轮机配套一台竖轴水轮发电机,发电机自重150t;电站主阀选用球阀,球阀自重为7.5t,与水轮机组共用一套油压装置;起重设备为桥式起重机,设备自重为200t,主钩起吊力400t,另有平衡梁25t,轨道长182m(2.19×双10m),规格为QU100,滑触线长21.9m(2.19×三相10m),无辅助母线。试编制该电站主要机电设备安装工程费。

【解】 一、清单工程量

1. 水轮机设备安装工程

(1)水轮机组:3套

(2)调速器ST-150:3套

(3)油压装置YS-2.0:1套

2. 发电机设备安装工程

竖轴水轮发电机:3套

3. 主阀设备安装工程

球阀:3台

4. 起重设备安装工程

(1)桥式起重机:1台

(2)轨道:2.19×双10m

(3)滑触线:2.19×三相10m

工程量清单计算见表7-1。

表7-1 工程量清单计算表

工程名称:某水电站机电设备安装工程　　　　　　　　　　　　　　　　　　第 页 共 页

序号	项目编码	项目名称	计量单位	工程量	主要技术条款编码
1		水利安装工程			
1.1		机电设备安装工程			
1.1.1	500201001001	水轮机设备安装	套	3.00	
1.1.2	500201004001	调速器设备安装	套	3.00	
1.1.3	500201004002	油压装置安装	套	1.00	

（续）

序号	项目编码	项目名称	计量单位	工程量	主要技术条款编码
1.1.4	500201005001	竖轴水轮发电机安装	套	3.00	
1.1.5	500201009001	球阀安装	台	3.00	
1.1.6	500201010001	桥式起重机安装	台	1.00	
1.1.7	500201011001	轨道安装	双10m	2.19	
1.1.8	500201012001	滑触线安装	三相10m	2.19	

二、定额工程量（套用《水利水电设备安装工程预算定额》）

1. 水轮机组安装

（1）竖轴轴流式水轮机

共3台，套用定额01045，计量单位：台。

（2）机组管路安装

共3台，套用定额06027，计量单位：台。

（3）调速器安装

共3台，套用定额02006，计量单位：台。

（4）油压装置安装

共1套，套用定额02012，计量单位：套。

2. 发电机设备安装

水轮发电机设备安装

共3套，套用定额03009，计量单位：台。

3. 主阀设备安装

球阀安装

共3台，套用定额05009，计量单位：t。

4. 起重机设备安装

（1）桥式起重机安装

共1台，套用定额11015，计量单位：台。

（2）轨道安装

共21.9m，套用定额11092，计量单位：双10m。

$L_1 = 21.9/10 = 2.19$（双10m）

（3）滑触线安装

共21.9m，套用定额11098，计量单位：三相10m。

$L_2 = 21.9/10 = 2.19$（三相10m）

该水电站机电设备安装工程分类分项工程量清单与计价表见表7-2。

工程单价汇总见表7-3。

工程单价计算见表7-4～表7-12。

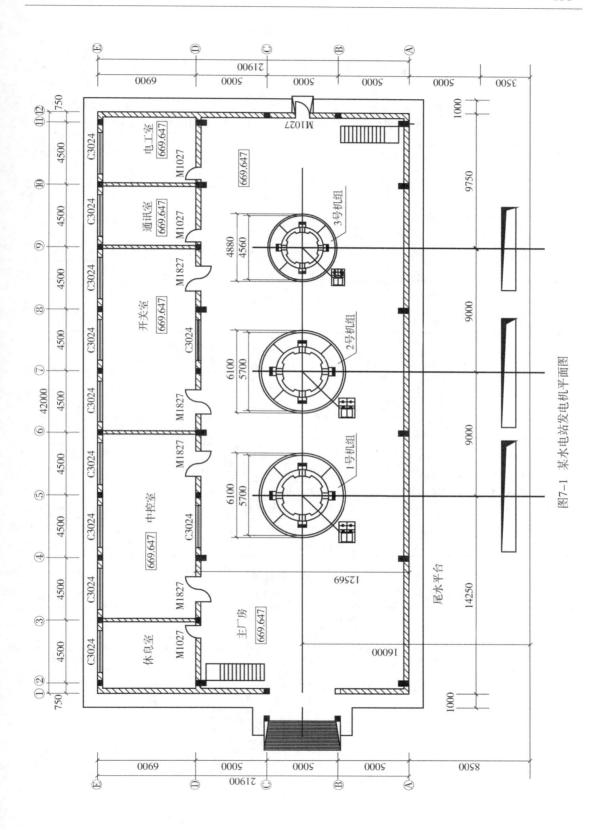

图7-1　某水电站发电机平面图

表 7-2 分类分项工程量清单计价表

工程名称:某水电站机电设备安装工程 　　　　　　　　　　　　第 页 共 页

序号	项目编码	项目名称	计量单位	工程量	单价/元	合价/元	主要技术条款编码
1		水利安装工程					3582764.89
1.1		机电设备安装工程					3582764.89
1.1.1	500201001001	水轮机设备安装	套	3.00	790292.10	2370876.30	
1.1.2	500201004001	调速器设备安装	套	3.00	58448.10	175344.30	
1.1.3	500201004002	油压装置安装	套	1.00	22173.04	22173.04	
1.1.4	500201005001	竖轴水轮发电机安装	套	3.00	238926.07	716778.21	
1.1.5	500201009001	球阀安装	台	3.00	4824.41	14473.23	
1.1.6	500201010001	桥式起重机安装	台	1.00	269913.98	269913.98	
1.1.7	500201011001	轨道安装	双10m	2.19	4567.84	10003.57	
1.1.8	500201012001	滑触线安装	三相10m	2.19	1462.22	3202.26	
		合　计				3582764.89	

表 7-3 工程单价汇总表

工程名称:某水电站机电设备安装工程 　　　　　　　　　　　　第 页 共 页

序号	项目编码	项目名称	计量单位	人工费	材料费	机械使用费	施工管理费和企业利润	税金	合计
1		水利安装工程							
1.1		机电设备安装工程							
1.1.1	500201001001	水轮机设备安装	套	303673.58	132641.48	66663.47	262660	24653.56	790292.1
1.1.2	500201004001	调速器设备安装	台	23291.27	10435.56	2889.64	20008.31	1823.32	58448.1
1.1.3	500201004002	油压装置安装	套	8975.46	2841.05	1976.69	7688.14	691.7	22173.04
1.1.4	500201005001	竖轴水轮发电机安装	套	90424.54	44623.08	17984.78	78440.25	7453.42	238926.07
1.1.5	500201009001	球阀安装	台	1911.86	682.75	435.23	1644.07	150.5	4824.41
1.1.6	500201010001	桥式起重机安装	台	71693.61	22008.4	100499.26	67292.61	8420.1	269913.98
1.1.7	500201011001	轨道安装	双10m	1856.43	286.62	393.28	1589.01	142.50	4567.84
1.1.8	500201012001	滑触线安装	三相10m	526.60	275.02	153.69	461.30	45.61	1462.22

表 7-4 工程单价计算表

工程名称:水轮机组安装 　　　单价编号:500201001001 　　　定额单位:台

施工方法:水轮机组安装

编号	名称及规格	单位	数量	单价/元	合计/元
1	直接费	元			395260.46
1.1	人工费	元			236639.83
	工长	工时	2152.00	7.03	15128.56
	高级工	工时	10326.00	6.52	67325.52
	中级工	工时	24525.00	5.55	136113.75
	初级工	工时	6024.00	3.00	18072.00
1.2	材料费	元			108271.77

（续）

编号	名称及规格	单位	数　量	单价/元	合计/元
	钢板	kg	2227.00	4.30	9576.10
	型钢	kg	8011.00	4.60	36850.60
	钢管	kg	636.00	6.00	3816.00
	铜材	kg	78.00	50.00	3900.00
	电焊条	kg	905.00	4.70	4253.50
	油漆	kg	520.00	8.50	4420.00
	破布	kg	463.00	15.00	6945.00
	汽油 70#	kg	926.00	2.20	2037.20
	透平油	kg	274.00	32.00	8768.00
	氧气	m³	1543.00	5.00	7715.00
	乙炔气	m³	665.00	7.50	4987.50
	木材	m³	3.90	0.60	2.34
	砂布	张	300.00	0.40	120.00
	滤油纸 300×300	张	400.00	0.55	220.00
	电	kWh	12678.00	0.38	4817.64
	其他材料费	%	10.00	98428.88	9842.89
1.3	机械使用费	元			50348.86
	桥式起重机	台时	347.00	80.50	27933.50
	电焊机 20~30kVA	台时	770.00	10.87	8369.90
	车床 φ400~600	台时	149.00	23.21	3458.29
	刨床 B650	台时	149.00	12.88	1919.12
	摇臂钻床 φ50	台时	77.00	17.25	1328.25
	压力滤油机 150 型	台时	87.00	8.88	772.56
	其他机械费	%	15.00	43781.62	6567.24
2	施工管理费	%	70.00	236639.83	165647.88
3	企业利润	%	7.00	560908.34	39263.58
4	税金	%	3.22	600171.93	19325.54
	合计	元			619497.46
	单价	元			619497.46

注:施工管理费以人工费为取费基数,利润以施工管理费和直接费之和为取费基数,税金以直接费、施工管理费、利润之和为取费基数;其中施工管理费费率为70%,利润率为7%,税金率为3.22%。(下同)

表 7-5　工程单价计算表

工程名称:机组管路安装　　　　单价编号:500201001001　　　　定额单位:台

施工方法:机组管路安装

编号	名称及规格	单位	数　量	单价/元	合计/元
1	直接费	元			107718.07

（续）

编号	名称及规格	单位	数 量	单价/元	合计/元
1.1	人工费	元			67033.75
	工长	工时	631.00	7.03	4435.93
	高级工	工时	2526.00	6.52	16469.52
	中级工	工时	6946.00	5.55	38550.30
	初级工	工时	2526.00	3.00	7578.00
1.2	材料费	元			24369.71
	钢板	kg	716.00	4.30	3078.80
	型钢	kg	2089.00	4.60	9609.40
	电焊条	kg	130.00	4.70	611.00
	油漆	kg	247.00	8.50	2099.50
	破布	kg	110.00	15.00	1650.00
	汽油 70#	kg	110.00	2.20	242.00
	机油	kg	32.00	12.50	400.00
	黄油	kg	16.00	8.00	128.00
	石棉橡胶板	kg	65.00	16.50	1072.50
	酒精 500g	瓶	47.00	1.30	61.10
	氧气	m^3	205.00	5.00	1025.00
	乙炔气	m^3	90.00	7.50	675.00
	其他材料费	%	18.00	20652.30	3717.41
1.3	机械使用费	元			16314.61
	桥式起重机 5t	台时	75.00	25.02	1876.50
	电焊机 20~30kVA	台时	293.00	10.87	3184.91
	弯管机 ϕ300	台时	130.00	17.68	2298.40
	空气压缩机 9m^3/h	台时	96.00	47.71	4580.16
	载重汽车 5t	台时	32.00	54.20	1734.40
	摇臂钻床 ϕ50	台时	83.00	17.25	1431.75
	其他机械费	%	8.00	15106.12	1208.49
2	施工管理费	%	70.00	67033.75	46923.63
3	企业利润	%	7.00	154641.70	10824.92
4	税金	%	3.22	165466.62	5328.03
	合计	元			170794.64
	单价	元			170794.64

表 7-6　工程单价计算表

工程名称:调速器安装　　　　　单价编号:500201004001　　　　　定额单位:台

施工方法:调速器安装

编号	名称及规格	单位	数 量	单价/元	合计/元
1	直接费	元			36616.47

（续）

编号	名称及规格	单位	数　量	单价/元	合计/元
1.1	人工费	元			23291.27
	工长	工时	249.00	7.03	1750.47
	高级工	工时	995.00	6.52	6487.40
	中级工	工时	2488.00	5.55	13808.40
	初级工	工时	415.00	3.00	1245.00
1.2	材料费	元			10435.56
	钢板	kg	130.00	4.30	559.00
	型钢	kg	680.00	4.60	3128.00
	钢管	kg	72.00	6.00	432.00
	铜材	kg	6.00	50.00	300.00
	电焊条	kg	40.00	4.70	188.00
	油漆	kg	56.00	8.50	476.00
	破布	kg	72.00	15.00	1080.00
	汽油 70#	kg	130.00	2.20	286.00
	透平油	kg	22.00	32.00	704.00
	氧气	m³	70.00	5.00	350.00
	乙炔气	m³	32.00	7.50	240.00
	白布	m²	17.00	14.50	246.50
	电	kWh	1860.00	0.38	706.80
	其他材料费	%	20.00	8696.30	1739.26
1.3	机械使用费	元			2889.64
	桥式起重机	台时	23.00	39.04	897.92
	电焊机 20～30kVA	台时	36.00	10.87	391.32
	车床 φ400～600	台时	31.00	23.21	719.51
	刨床 B650	台时	31.00	12.88	399.28
	其他机械费	%	20.00	2408.03	481.61
2	施工管理费	%	70.00	23291.27	16303.89
3	企业利润	%	7.00	52920.36	3704.42
4	税金	%	3.22	56624.78	1823.32
	合计	元			58448.10
	单价	元			58448.10

表 7-7　工程单价计算表

工程名称：油压装置安装　　　　　　　单价编号：500201004002　　　　　　　定额单位：套

施工方法：油压装置安装

编号	名称及规格	单位	数　量	单价/元	合计/元
1	直接费	元			13793.20

（续）

编号	名称及规格	单位	数　量	单价/元	合计/元
1.1	人工费	元			8975.46
	工长	工时	96.00	7.03	674.88
	高级工	工时	384.00	6.52	2503.68
	中级工	工时	958.00	5.55	5316.90
	初级工	工时	160.00	3.00	480.00
1.2	材料费	元			2841.05
	钢板	kg	28.00	4.30	120.40
	型钢	kg	128.00	4.60	588.80
	钢管	kg	21.00	6.00	126.00
	铜材	kg	2.00	50.00	100.00
	电焊条	kg	19.00	4.70	89.30
	油漆	kg	29.00	8.50	246.50
	破布	kg	43.00	15.00	645.00
	汽油 70#	kg	66.00	2.20	145.20
	氧气	m^3	12.00	5.00	60.00
	乙炔气	m^3	5.00	7.50	37.50
	滤油纸 300×300	张	160.00	0.55	88.00
	电	kWh	318.00	0.38	120.84
	其他材料费	%	20.00	2367.54	473.51
1.3	机械使用费	元			1976.69
	桥式起重机	台时	18.00	39.04	702.72
	电焊机 20～30kVA	台时	20.00	10.87	217.40
	车床 φ400～600	台时	16.00	23.21	371.36
	刨床 B650	台时	16.00	12.88	206.08
	压力滤油机 150 型	台时	20.00	8.88	177.60
	其他机械费	%	18.00	1675.16	301.53
2	施工管理费	%	70.00	8975.46	6282.82
3	企业利润	%	7.00	20076.02	1405.32
4	税金	%	3.22	21481.34	691.70
	合计	元			22173.04
	单价	元			22173.04

表 7-8　工程单价计算表

工程名称:水轮发电机安装　　　　单价编号:500201005001　　　　定额单位:台

施工方法:发电机安装

编号	名称及规格	单位	数　量	单价/元	合计/元
1	直接费	元			153032.40

（续）

编号	名称及规格	单位	数　量	单价/元	合计/元
1.1	人工费	元			90424.54
	工长	工时	807.00	7.03	5673.21
	高级工	工时	3874.00	6.52	25258.48
	中级工	工时	9847.00	5.55	54650.85
	初级工	工时	1614.00	3.00	4842.00
1.2	材料费	元			44623.08
	钢板	kg	1282.00	4.30	5512.60
	型钢	kg	2459.00	4.60	11311.40
	钢管	kg	359.00	6.00	2154.00
	电焊条	kg	218.00	4.70	1024.60
	油漆	kg	261.00	8.50	2218.50
	破布	kg	186.00	15.00	2790.00
	香蕉水	kg	75.00	7.50	562.50
	苯	kg	50.00	12.00	600.00
	汽油 70#	kg	318.00	2.20	699.60
	酚醛层压板	kg	68.00	30.00	2040.00
	氧气	m^3	522.00	5.00	2610.00
	乙炔气	m^3	224.00	7.50	1680.00
	木材	m^3	1.50	0.60	0.90
	酒精 500g	瓶	62.00	1.30	80.60
	玻璃丝带	卷	104.00	2.80	291.20
	电	kWh	9500.00	0.38	3610.00
	其他材料费	%	20.00	37185.90	7437.18
1.3	机械使用费	元			17984.78
	桥式起重机	台时	154.00	39.04	6012.16
	电焊机 20～30kVA	台时	210.00	10.87	2282.70
	车床 ϕ400～600	台时	77.00	23.21	1787.17
	刨床 B650	台时	87.00	12.88	1120.56
	摇臂钻床 ϕ50	台时	47.00	17.25	810.75
	汽车起重机 16t	台时	10.00	122.26	1222.60
	载重汽车 5t	台时	37.00	54.20	2005.40
	其他机械费	%	18.00	15241.34	2743.44
2	施工管理费	%	70.00	90424.54	63297.18
3	企业利润	%	7.00	216329.58	15143.07
4	税金	%	3.22	231472.65	7453.42
	合计	元			238926.07
	单价	元			238926.07

表 7-9 工程单价计算表

工程名称:球阀安装　　　　单价编号:500201009001　　　　定额单位:t

施工方法:球阀安装

编号	名称及规格	单位	数量	单价/元	合计/元
1	直接费	元			3029.84
1.1	人工费	元			1911.86
	工长	工时	18.00	7.03	126.54
	高级工	工时	71.00	6.52	462.92
	中级工	工时	208.00	5.55	1154.40
	初级工	工时	56.00	3.00	168.00
1.2	材料费	元			682.75
	钢板	kg	23.00	4.30	98.90
	型钢	kg	41.00	4.60	188.60
	电焊条	kg	8.00	4.70	37.60
	油漆	kg	4.00	8.50	34.00
	破布	kg	2.00	15.00	30.00
	香蕉水	kg	2.00	7.50	15.00
	汽油 70#	kg	5.00	2.20	11.00
	煤油	kg	1.00	2.50	2.50
	透平油	kg	2.00	32.00	64.00
	氧气	m³	5.00	5.00	25.00
	乙炔气	m³	2.00	7.50	15.00
	电	kWh	150.00	0.38	57.00
	其他材料费	%	18.00	578.60	104.15
1.3	机械使用费	元			435.23
	桥式起重机	台时	4.00	25.02	100.08
	电焊机 20～30kVA	台时	7.00	10.87	76.09
	车床 φ400～600	台时	2.00	23.21	46.42
	刨床 B650	台时	3.00	12.88	38.64
	摇臂钻床 φ50	台时	4.00	17.25	69.00
	汽车起重机 16t	台时	0.20	122.26	24.45
	载重汽车 5t	台时	0.50	54.20	27.10
	其他机械费	%	14.00	381.78	53.45
2	施工管理费	%	70.00	1911.86	1338.30
3	利润	%	7.00	4368.14	305.77
4	税金	%	3.22	4673.91	150.50
	合价	元			4824.41
	单价	元			4824.41

表 7-10　　工程单价计算表

工程名称:桥式起重机安装　　　　　　单价编号:500201010001　　　　　　　　定额单位:台

施工方法:桥式起重机安装

编号	名称及规格	单位	数　量	单价/元	合计/元
1	直接费	元			194201.27
1.1	人工费	元			71693.61
	工长	工时	685.00	7.03	4815.55
	高级工	工时	3428.00	6.52	22350.56
	中级工	工时	6170.00	5.55	34243.50
	初级工	工时	3428.00	3.00	10284.00
1.2	材料费	元			22008.40
	钢板	kg	776.00	4.30	3336.80
	型钢	kg	1242.00	4.60	5713.20
	垫铁	kg	388.00	5.00	1940.00
	电焊条	kg	102.00	4.70	479.40
	氧气	m³	102.00	5.00	510.00
	乙炔气	m³	43.00	7.50	322.50
	汽油 70#	kg	71.00	2.20	156.20
	柴油 0#	kg	155.00	1.80	279.00
	油漆	kg	87.00	8.50	739.50
	棉纱头	kg	124.00	10.00	1240.00
	木材	m³	2.70	0.60	1.62
	机油	kg	93.00	12.50	1162.50
	黄油	kg	140.00	8.00	1120.00
	绝缘线	m	404.00	1.50	606.00
	其他材料费	%	25.00	17606.72	4401.68
1.3	机械使用费	元			100499.26
	汽车起重机 30t	台时	70.00	203.49	14244.30
	门式起重机 10t	台时	144.00	52.12	7505.28
	卷扬机 5t	台时	474.00	118.09	55974.66
	电焊机 20～30kVA	台时	144.00	10.87	1565.28
	空气压缩机 9m³/min	台时	144.00	47.71	6870.24
	载重汽车 5t	台时	96.00	54.20	5203.20
	其他机械费	%	10.00	91362.96	9136.30
2	施工管理费	%	70.00	71693.61	50185.53
3	企业利润	%	7.00	244386.79	17107.08
4	税金	%	3.22	261493.87	8420.10
	合计	元			269913.98
	单价	元			269913.98

表 7-11   工程单价计算表

工程名称:轨道安装   单价编号:500201011001   定额单位:双 10m

施工方法:滑触线安装

编号	名称及规格	单位	数　量	单价/元	合计/元
1	直接费	元			2836.33
1.1	人工费	元			1856.43
	工长	工时	18.00	7.03	126.54
	高级工	工时	72.00	6.52	469.44
	中级工	工时	179.00	5.55	993.45
	初级工	工时	89.00	3.00	267.00
1.2	材料费	元			586.62
	钢板	kg	48.00	4.30	206.40
	型钢	kg	41.00	4.60	188.60
	电焊条	kg	8.20	4.70	38.54
	氧气	m³	12.00	5.00	60.00
	乙炔气	m³	5.30	7.50	39.75
	其他材料费	%	10.00	533.29	53.33
1.3	机械使用费	元			393.28
	汽车起重机 8t	台时	2.90	80.43	233.25
	电焊机 20~30kVA	台时	13.00	10.87	141.31
	其他机械费	%	5.00	374.56	18.73
2	施工管理费	%	70.00	1856.43	1299.50
3	企业利润	%	7.00	4135.83	289.51
4	税金	%	3.22	4425.34	142.50
	合计	元			4567.84
	单价	元			4567.84

表 7-12   工程单价计算表

工程名称:滑触线安装   单价编号:500201012001   定额单位:三相 10m

施工方法:滑触线安装

编号	名称及规格	单位	数　量	单价/元	合计/元
1	直接费	元			955.31
1.1	人工费	元			526.60
	工长	工时	5.00	7.03	35.15
	高级工	工时	20.00	6.52	130.40
	中级工	工时	51.00	5.55	283.05
	初级工	工时	26.00	3.00	78.00
1.2	材料费	元			275.02

（续）

编号	名称及规格	单位	数　量	单价/元	合计/元
	型钢	kg	33.00	4.60	151.80
	电焊条	m³	5.50	4.70	25.85
	氧气	m³	5.50	5.00	27.50
	乙炔气	kg	2.40	7.50	18.00
	棉纱头	kg	1.60	10.00	16.00
	其他材料费	%	15.00	239.15	35.87
1.3	机械使用费	元		239.15	153.69
	电焊机 20~30kVA	台时	6.80	10.87	73.92
	摇臂钻床 φ50	台时	4.20	17.25	72.45
	其他机械费	%	5.00	146.37	7.32
2	施工管理费	%	70.00	526.60	368.62
3	企业利润	%	7.00	1323.93	93.68
4	税金	%	3.22	1416.61	45.61
	合计	元			1462.22
	单价	元			1462.22

例 16　某泵站机电设备安装工程

某泵站厂房剖面图如图 7-2 所示,泵站厂房内布置有 4 台大型泵,3 台 500S35 型泵,1 台 350S44A 型水泵,配套电动机为 3 台 Y400—6 和 1 台 Y315L₁—4,主阀为直径 2m 的电动蝶阀,起重设备为桥式起重机。试计算该泵站机电设备安装单价。

已知:(1)泵站厂房内布置的主要机电设备包括水泵机组、电动机、主阀、起重设备。

(2)500S35 型水泵自重约为 30t,350S44A 型水泵自重约为 12t,配套电动机重量分别为 45t、18t。泵房内设桥式起重机(起重能力 50t),桥机自重 40t,轨道型号为 QU80,无辅助母线。

【解】　一、清单工程量

1. 水泵设备及安装

(1)500S35 型水泵:3 套

(2)350S44A 型水泵:1 套

2. 电动机设备及安装

(1)Y400—6 型电动机(与 500S35 型水泵配套):3 套

(2)Y315L₁—4 型电动机(与 350S44A 型水泵配套):1 套

(3)主阀安装

电动蝶阀安装:4 台

3. 起重设备及安装

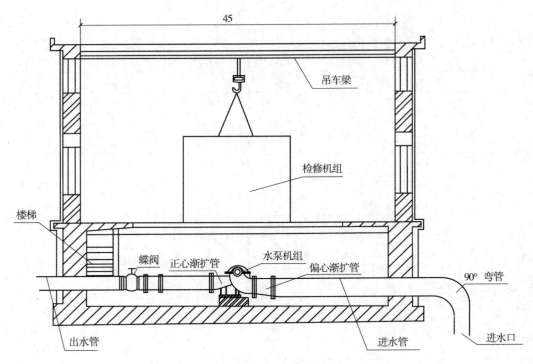

图 7-2　某泵站厂房剖面图

（1）桥式起重机安装:1 台

（2）轨道安装:4.5×双 10m

（3）滑触线安装:4.5×三相 10m

工程量清单计算见表 7-13。

表 7-13　工程量清单计算表

工程名称:某泵站机电设备安装工程   第　页　共　页

序号	项目编码	项目名称	计量单位	工程量	主要技术条款编码
1		水利安装工程			
1.1		机电设备及安装工程			
1.1.1	500201003001	水泵设备及安装工程	套	3.00	
1.1.2	500201003002	水泵设备及安装工程	套	1.00	
1.1.3	500201007001	电动机设备及安装工程	套	3.00	
1.1.4	500201007002	电动机设备及安装工程	套	1.00	
1.1.5	500201009001	蝶阀设备及安装工程	台	4.00	
1.1.6	500201010001	桥式起重机安装	台	1.00	
1.1.7	500201011001	轨道安装	双 10m	4.5	
1.1.8	500201012001	滑触线安装	三相 10m	4.5	

二、定额工程量(套用《水利水电设备安装工程预算定额》)

1.水泵设备及安装

（1）500S35 型水泵

共 3 台，套用定额 04004，计量单位：台。

（2）350S44A 型水泵

共 1 台，套用定额 04001，计量单位：台。

2．电动机设备及安装

（1）Y400—6 型电动机（与 500S35 型水泵配套）

共 3 台，套用定额 04018，计量单位：台。

（2）Y315L$_1$—4 型电动机（与 350S44A 型水泵配套）

共 1 台，套用定额 04015，计量单位：台。

3．主阀安装

电动蝶阀安装

共 4 台，套用定额 05003，计量单位：台。

4．起重设备及安装

（1）桥式起重机安装

共 1 台，套用定额 11004，计量单位：台。

（2）轨道安装

共 45m，套用定额 11091，计量单位：双 10m。

$L_1 = 45/10 = 4.5$（双 10m）

（3）滑触线安装

共 45m，套用定额 11096，计量单位：三相 10m。

$L_2 = 45/10 = 4.5$（三相 10m）

该泵站机电设备安装工程，分类分项工程量清单计价见表 7-14，工程单价汇总见表 7-15，工程单价计算见表 7-16 ~ 表 7-23。

表 7-14　分类分项工程量清单计价表

工程名称：某泵站机电设备安装工程　　　　　　　　　　　　　　　　　　　　　第　页　共　页

序号	项目编码	项目名称	计量单位	工程量	单价/元	合价/元	主要技术条款编码
1		水利安装工程				980828.31	
1.1		机电设备安装工程				980828.31	
1.1.1	500201003001	水泵设备安装工程	套	3	104136.40	312409.20	
1.1.2	500201003002	水泵设备安装工程	套	1	46764.05	46764.05	
1.1.3	500201007001	电动机设备安装工程	套	3	121222.04	363666.12	
1.1.4	500201007002	电动机设备安装工程	套	1	28206.08	28206.08	
1.1.5	500201009001	蝶阀设备安装工程	台	4	41844.82	167379.28	
1.1.6	500201010001	桥式起重机安装	台	1	40181.76	40181.76	
1.1.7	500201011001	轨道安装	双 10m	4.5	3788.95	17050.28	
1.1.8	500201012001	滑触线安装	三相 10m	4.5	1149.23	5171.54	

表7-15 工程单价汇总表

工程名称:某泵站机电设备安装工程   第 页 共 页

序号	项目编码	项目名称	计量单位	人工费	材料费	机械使用费	施工管理费	企业利润	税金	合计
1		水利安装工程								
1.1		机电设备及安装工程								
1.1.1	500201003001	水泵设备及安装工程	套	47426.55	6218.76	7443.77	33198.59	6600.14	3248.59	104136.40
1.1.2	500201003002	水泵设备及安装工程	套	21153.00	2696.04	3685.18	14807.10	2963.89	1458.83	46764.05
1.1.3	500201007001	电动机设备及安装工程	套	58405.05	9052.66	1416.19	40883.54	7683.02	3781.58	121222.04
1.1.4	500201007002	电动机设备及安装工程	套	11574.75	2533.92	3327.49	8102.33	1787.69	879.90	28206.08
1.1.5	500201009001	蝶阀设备及安装工程	台	16905.15	5687.51	3461.07	11833.61	2652.11	1305.37	41844.82
1.1.6	500201010001	桥式起重机安装	台	14927.25	4485.05	6520.18	10449.08	2546.71	1253.49	40181.76
1.1.7	500201011001	轨道安装	双10m	1509.90	518.66	345.12	1056.93	240.14	118.20	3788.95
1.1.8	500201012001	滑触线安装	三相10m	406.20	240.87	109.13	284.34	72.84	35.85	1149.23

表7-16 工程单价计算表

工程名称:某泵站机电设备安装工程   单价编号:500201003001   定额单位:台

施工方法:水泵及其附件安装

编号	名称及规格	单位	数 量	单价/元	合计/元
1	直接费	元			61089.08
1.1	人工费	元			47426.55
	工长	工时	426.00	9.45	4025.70
	高级工	工时	2046.00	6.30	12889.80
	中级工	工时	5200.00	5.40	28080.00
	初级工	工时	853.00	2.85	2431.05
1.2	材料费	元			6218.76
	钢板	kg	145.00	4.30	623.50
	型钢	kg	232.00	4.60	1067.20
	电焊条	kg	73.00	4.70	343.10
	破布	kg	34.00	15.00	510.00
	氧气	m³	160.00	5.00	800.00
	乙炔气	m³	72.00	7.50	540.00
	汽油70#	kg	69.00	2.20	151.80
	油漆	kg	37.00	8.50	314.50

（续）

<table>
<tr><td colspan="6" align="center">施工方法:水泵及其附件安装</td></tr>
<tr><td>编号</td><td>名称及规格</td><td>单位</td><td>数　量</td><td>单价/元</td><td>合计/元</td></tr>
<tr><td></td><td>橡胶板</td><td>kg</td><td>32.00</td><td>16.50</td><td>528.00</td></tr>
<tr><td></td><td>木材</td><td>m³</td><td>0.50</td><td>0.60</td><td>0.30</td></tr>
<tr><td></td><td>电</td><td>kWh</td><td>1270.00</td><td>0.38</td><td>482.60</td></tr>
<tr><td></td><td>其他材料费</td><td>%</td><td>16.00</td><td>5361.00</td><td>857.76</td></tr>
<tr><td>1.3</td><td>机械使用费</td><td>元</td><td></td><td></td><td>7443.77</td></tr>
<tr><td></td><td>桥式起重机</td><td>台时</td><td>56.00</td><td>39.04</td><td>2186.24</td></tr>
<tr><td></td><td>电焊机 20～30kVA</td><td>台时</td><td>67.00</td><td>26.25</td><td>1758.75</td></tr>
<tr><td></td><td>车床 φ400～600</td><td>台时</td><td>57.00</td><td>23.21</td><td>1322.97</td></tr>
<tr><td></td><td>刨床 B650</td><td>台时</td><td>41.00</td><td>12.88</td><td>528.08</td></tr>
<tr><td></td><td>摇臂钻床 φ50</td><td>台时</td><td>36.00</td><td>17.25</td><td>621.00</td></tr>
<tr><td></td><td>其他机械费</td><td>%</td><td>16.00</td><td>6417.04</td><td>1026.73</td></tr>
<tr><td>2</td><td>施工管理费</td><td>%</td><td>70.00</td><td>47426.55</td><td>33198.59</td></tr>
<tr><td>3</td><td>企业利润</td><td>%</td><td>7.00</td><td>94287.67</td><td>6600.14</td></tr>
<tr><td>4</td><td>税金</td><td>%</td><td>3.22</td><td>100887.81</td><td>3248.59</td></tr>
<tr><td></td><td>合计</td><td>元</td><td></td><td></td><td>104136.40</td></tr>
<tr><td></td><td>单价</td><td>元</td><td></td><td></td><td>104136.40</td></tr>
</table>

注:施工管理费以人工费为取费基数,利润以施工管理费和直接费之和为取费基数,税金以直接费、施工管理费、利润之和为取费基数;其中施工管理费费率为70%,利润率为7%,税金率为3.22%。(下同)

表7-17　工程单价计算表

工程名称:某泵站机电设备安装工程　　　　单价编号:500201003002　　　　　　定额单位:台

<table>
<tr><td colspan="6" align="center">施工方法:水泵及其附件安装</td></tr>
<tr><td>编号</td><td>名称及规格</td><td>单位</td><td>数　量</td><td>单价/元</td><td>合计/元</td></tr>
<tr><td>1</td><td>直接费</td><td>元</td><td></td><td></td><td>27534.23</td></tr>
<tr><td>1.1</td><td>人工费</td><td>元</td><td></td><td></td><td>21153.00</td></tr>
<tr><td></td><td>工长</td><td>工时</td><td>190.00</td><td>9.45</td><td>1795.50</td></tr>
<tr><td></td><td>高级工</td><td>工时</td><td>913.00</td><td>6.30</td><td>5751.90</td></tr>
<tr><td></td><td>中级工</td><td>工时</td><td>2319.00</td><td>5.40</td><td>12522.60</td></tr>
<tr><td></td><td>初级工</td><td>工时</td><td>380.00</td><td>2.85</td><td>1083.00</td></tr>
<tr><td>1.2</td><td>材料费</td><td>元</td><td></td><td></td><td>2696.05</td></tr>
<tr><td></td><td>钢板</td><td>kg</td><td>62.00</td><td>4.30</td><td>266.60</td></tr>
<tr><td></td><td>型钢</td><td>kg</td><td>100.00</td><td>4.60</td><td></td></tr>
<tr><td></td><td>电焊条</td><td>kg</td><td>32.00</td><td>4.70</td><td>150.40</td></tr>
<tr><td></td><td>破布</td><td>kg</td><td>15.00</td><td>15.00</td><td>225.00</td></tr>
<tr><td></td><td>氧气</td><td>m³</td><td>69.00</td><td>5.00</td><td>345.00</td></tr>
</table>

（续）

编号	名称及规格	单位	数　量	单价/元	合计/元
	乙炔气	m^3	31.00	7.50	232.50
	汽油 70#	kg	29.00	2.20	63.80
	油漆	kg	17.00	8.50	144.50
	橡胶板	kg	14.00	16.50	231.00
	木材	m^3	0.30	0.60	0.18
	电	KWh	540.00	0.38	205.20
	其他材料费	%	16.00	2324.18	371.87
1.3	机械使用费	元			3685.18
	桥式起重机	台时	33.00	39.04	1288.32
	电焊机 20～30kVA	台时	26.00	26.25	682.50
	车床 $\phi400～600$	台时	26.00	23.21	603.46
	刨床 B650	台时	20.00	12.88	257.60
	摇臂钻床 $\phi50$	台时	20.00	17.25	345.00
	其他机械费	%	16.00	3176.88	508.30
2	施工管理费	%	70.00	21153.00	14807.10
3	企业利润	%	7.00	42341.33	2963.89
4	税金	%	3.22	45305.22	1458.83
	合计	元			46764.05
	单价	元			46764.05

表 7-18　工程单价计算表

工程名称：某泵站机电设备安装工程　　　单价编号：500200007001　　　　　　　　定额单位：台

施工方法：电动机及其附件安装

编号	名称及规格	单位	数　量	单价/元	合计/元
1	直接费	元			68873.90
1.1	人工费	元			58405.05
	工长	工时	525.00	9.45	4961.25
	高级工	工时	2519.00	6.30	15869.70
	中级工	工时	6404.00	5.40	34581.60
	初级工	工时	1050.00	2.85	2992.50
1.2	材料费	元			9052.66
	钢板	kg	90.00	4.30	387.00
	型钢	kg	160.00	4.60	736.00
	电焊条	kg	53.00	4.70	249.10
	焊锡	kg	35.00	26.00	910.00
	焊锡膏	kg	3.50	14.00	49.00

（续）

编号	名称及规格	单位	数　量	单价/元	合计/元
	破布	kg	43.00	15.00	645.00
	酒精 500g	瓶	23.00	1.30	29.90
	氧气	m³	86.00	5.00	430.00
	乙炔气	m³	37.00	7.50	277.50
	汽油 70#	kg	61.00	2.20	134.20
	油漆	kg	83.00	8.50	705.50
	石棉布	kg	24.00	10.50	252.00
	黄蜡绸布带	卷	40.00	6.50	260.00
	木材	m³	1.80	0.60	1.08
	电	KWh	6520.00	0.38	2477.60
	其他材料费	%	20.00	7543.88	1508.78
1.3	机械使用费	元			1416.19
	桥式起重机	台时	80.00	39.04	3123.20
	电焊机 20～30kVA	台时	51.00	10.87	554.37
	车床 φ400～600	台时	67.00	23.21	1555.07
	刨床 B650	台时	72.00	12.88	927.36
	摇臂钻床 φ50	台时	61.00	17.25	1052.25
	空气压缩机 9m³/min	台时	24.00	47.71	1145.04
	载重汽车 5t	台时	20.00	54.20	1084.00
	其他机械费	%	15.00	9441.29	1416.19
2	施工管理费	%	70.00	58405.05	40883.54
3	企业利润	%	7.00	109757.43	7683.02
4	税金	%	3.22	117440.45	3781.58
	合计	元			121222.04
	单价	元			121222.04

表 7-19　工程单价计算表

工程名称：某泵站机电设备安装工程　　　单价编号：500200007002　　　　定额单位：台

施工方法：电动机及其附件安装

编号	名称及规格	单位	数　量	单价/元	合计/元
1	直接费	元			17436.16
1.1	人工费	元			11574.75
	工长	工时	104.00	9.45	982.80
	高级工	工时	499.00	6.30	3143.70
	中级工	工时	1269.00	5.40	6852.60
	初级工	工时	209.00	2.85	595.65
1.2	材料费	元			2533.92
	钢板	kg	25.00	4.30	107.50
	型钢	kg	45.00	4.60	207.00

（续）

编号	名称及规格	单位	数　量	单价/元	合计/元
	电焊条	kg	15.00	4.70	70.50
	焊锡	kg	10.00	26.00	260.00
	焊锡膏	kg	1.00	14.00	14.00
	破布	kg	12.00	15.00	180.00
	酒精500g	瓶	6.00	1.30	7.80
	氧气	m³	24.00	5.00	120.00
	乙炔气	m³	10.00	7.50	75.00
	汽油70#	kg	17.00	2.20	37.40
	油漆	kg	23.00	8.50	195.50
	石棉布	kg	7.00	10.50	73.50
	黄蜡绸布带	卷	11.00	6.50	71.50
	木材	m³	0.50	0.60	0.30
	电	kWh	1820.00	0.38	691.60
	其他材料费	%	20.00	2111.60	422.32
1.3	机械使用费	元			3327.49
	桥式起重机	台时	33.00	39.04	1288.32
	电焊机20~30kVA	台时	16.00	10.87	173.92
	车床φ400~600	台时	17.00	23.21	394.57
	刨床B650	台时	20.00	12.88	257.60
	摇臂钻床φ50	台时	16.00	17.25	276.00
	空气压缩机9m³/min	台时	6.00	47.71	286.26
	载重汽车5t	台时	4.00	54.20	216.80
	其他机械费	%	15.00	2893.47	434.02
2	施工管理费	%	70.00	11574.75	8102.33
3	企业利润	%	7.00	25538.49	1787.69
4	税金	%	3.22	27326.18	879.90
	合计	元			28206.08
	单价	元			28206.08

表7-20　工程单价计算表

工程名称:某泵站机电设备安装工程　　　单价编号:500201009001　　　　　　定额单位:台

施工方法:蝶阀及其附件安装

编号	名称及规格	单位	数　量	单价/元	合计/元
1	直接费	元			26053.73
1.1	人工费	元			16905.15

（续）

编号	名称及规格	单位	数　量	单价/元	合计/元
	工长	工时	157.00	9.45	1483.65
	高级工	工时	629.00	6.30	3962.70
	中级工	工时	1856.00	5.40	10022.40
	初级工	工时	504.00	2.85	1436.40
1.2	材料费	元			5687.51
	钢板	kg	235.00	4.30	1010.50
	型钢	kg	285.00	4.60	1357.00
	电焊条	kg	53.00	4.70	249.10
	油漆	kg	16.00	8.50	136.00
	破布	kg	18.00	15.00	270.00
	香蕉水	kg	5.00	5.80	29.00
	汽油 70#	kg	49.00	2.20	107.80
	煤油	kg	10.00	2.50	25.00
	透平油	kg	25.00	32.00	800.00
	黄油	kg	20.00	8.00	160.00
	氧气	m³	32.00	5.00	160.00
	乙炔气	m³	14.00	7.50	105.00
	木材	m³	0.20	0.60	0.12
	电	KWh	1080.00	0.38	410.40
	其他材料费	%	18.00	4819.92	876.59
1.3	机械使用费	元			3461.07
	桥式起重机	台时	28.00	39.04	1093.12
	电焊机 20~30kVA	台时	47.00	26.25	1233.75
	车床 φ400~600	台时	13.00	23.21	301.73
	刨床 B650	台时	16.00	12.88	206.08
	摇臂钻床 φ50	台时	7.00	17.25	120.75
	载重汽车 5t	台时	1.00	54.20	54.20
	其他机械费	%	15.00	3009.63	451.44
2	施工管理费	%	70.00	16905.15	11833.61
3	企业利润	%	7.00	37887.34	2652.11
4	税金	%	3.22	40539.45	1305.37
	合计	元			41844.82
	单价	元			41844.82

表 7-21　工程单价计算表

工程名称:某泵站机电设备安装工程　　　　单价编号:500201010001　　　　　　　定额单位:台

施工方法:桥式起重机安装

编号	名称及规格	单位	数量	单价/元	合计/元
1	直接费	元			25932.48
1.1	人工费	元			14927.25
	工长	工时	144.00	9.45	1360.80
	高级工	工时	719.00	6.30	4529.70
	中级工	工时	1294.00	5.40	6987.60
	初级工	工时	719.00	2.85	2049.15
1.2	材料费	元			4485.05
	钢板	kg	158.00	4.30	679.40
	型钢	kg	253.00	4.60	1163.80
	垫铁	kg	79.00	5.00	395.00
	电焊条	kg	21.00	4.70	98.70
	氧气	m^3	21.00	5.00	105.00
	乙炔气	m^3	9.00	7.50	67.50
	汽油 70#	kg	15.00	2.20	33.00
	柴油 0#	kg	32.00	1.80	57.60
	油漆	kg	18.00	8.50	153.00
	棉纱头	kg	25.00	10.00	250.00
	木材	m^3	0.90	0.60	0.54
	机油	kg	19.00	12.50	237.50
	黄油	kg	28.00	8.00	224.00
	绝缘线	m	82.00	1.50	123.00
	其他材料费	%	25.00	3588.04	897.01
1.3	机械使用费	元			6520.18
	汽车起重机 8t	台时	27.00	80.43	2171.61
	卷扬机 5t	台时	57.00	37.01	2109.57
	电焊机 20～30kVA	台时	17.00	10.87	184.79
	空气压缩机 9m^3/min	台时	17.00	47.71	811.07
	载重汽车 5t	台时	12.00	54.20	650.40
	其他机械费	%	10.00	5927.44	592.74
2	施工管理费	%	70.00	14927.25	10449.08
3	企业利润	%	7.00	36381.56	2546.71
4	税金	%	3.22	38928.27	1253.49
	合计	元			40181.76
	单价	元			40181.76

表 7-22　工程单价计算表

工程名称:某泵站机电设备安装工程　　　单价编号:500201011001　　　　　定额单位:双 10m

施工方法:轨道安装

编号	名称及规格	单位	数量	单价/元	合计/元
1	直接费	元			2373.68
1.1	人工费	元			1509.90
	工长	工时	15.00	9.45	141.75
	高级工	工时	59.00	6.30	371.70
	中级工	工时	146.00	5.40	788.40
	初级工	工时	73.00	2.85	208.05
1.2	材料费	元			518.66
	钢板	kg	42.00	4.30	180.60
	型钢	kg	36.00	4.60	165.60
	电焊条	kg	7.30	4.70	34.31
	氧气	m^3	11.00	5.00	55.00
	乙炔气	m^3	4.80	7.50	36.00
	其他材料费	%	10.00	471.51	47.15
1.3	机械使用费	元			345.12
	汽车起重机 8t	台时	2.60	80.43	209.12
	电焊机 20~30kVA	台时	11.00	10.87	119.57
	其他机械费	%	5.00	328.69	16.43
2	施工管理费	%	70.00	1509.90	1056.93
3	企业利润	%	7.00	3430.61	240.14
4	税金	%	3.22	3670.75	118.20
	合计	元			3788.95
	单价	元			3788.95

表 7-23　工程单价计算表

工程名称:某泵站机电设备安装工程　　　单价编号:500201012001　　　　　定额单位:三相 10m

施工方法:滑触线安装

编号	名称及规格	单位	数量	单价/元	合计/元
1	直接费	元			756.20
1.1	人工费	元			406.20
	工长	工时	4.00	9.45	37.80
	高级工	工时	16.00	6.30	100.80
	中级工	工时	39.00	5.40	210.60
	初级工	工时	20.00	2.85	57.00
1.2	材料费	元			240.87

（续）

施工方法:滑触线安装

编号	名称及规格	单位	数量	单价/元	合计/元
	棉纱头	kg	1.50	4.30	6.45
	型钢	kg	30.00	4.60	138.00
	电焊条	m^3	5.00	4.70	23.50
	氧气	m^3	5.00	5.00	25.00
	乙炔气	kg	2.20	7.50	16.50
	其他材料费	%	15.00	209.45	31.42
1.3	机械使用费	元			109.13
	电焊机 20~30kVA	台时	4.80	10.87	52.18
	摇臂钻床 $\phi50$	台时	3.00	17.25	51.75
	其他机械费	%	5.00	103.93	5.20
2	施工管理费	%	70.00	406.20	284.34
3	企业利润	%	7.00	1040.54	72.84
4	税金	%	3.22	1113.38	35.85
	合计	元			1149.23
	单价	元			1149.23

第8章 金属结构设备安装工程

例17 闸门安装

水闸立面图如图8-1所示。该枢纽工程平板焊接钢闸门自重25t/扇,试编制每扇闸门安装的清单单价。

已知:(1)从闸门堆放场至安装现场运距1km。

(2)施工管理费费率为18%,企业利润率7%(以施工管理费与直接费之和为取费基数),税率3.22%(以直接费施工管理费、企业利润之和为取费基数),人工、材料、机械费计算见表8-1、表8-2。

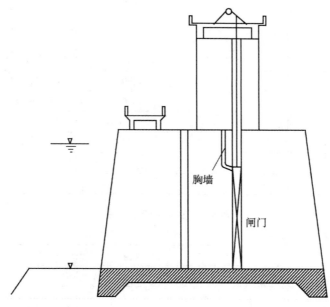

胸墙

闸门

图8-1 水闸立面图

【解】 每扇闸门安装的清单单价为(899.04 + 88.70) × 25 = 24693.50(元/扇)

表8-1 安装工程单价计算表

工程名称:闸门安装   单价编号:500202005001   单位:t

序号	名称及型号规格	单位	数量	单价/元	合计/元
1	直接费	元			740.25
1.1	人工费	元			409.80
	工长	工时	4.00	9.45	37.80

（续）

序号	名称及型号规格	单位	数量	单价/元	合计/元
	高级工	工时	20.00	6.30	126.00
	中级工	工时	35.00	5.40	189.00
	初级工	工时	20.00	2.85	57.00
1.2	材料费	元			89.36
	钢板	kg	3.00	4.30	12.90
	电焊条	kg	4.00	4.70	18.80
	氧气	m³	1.80	5.00	9.00
	乙炔气	m³	0.80	7.50	6.00
	汽油 70#	kg	2.00	2.20	4.40
	油漆	kg	2.00	8.50	17.00
	黄油	kg	0.20	8.00	1.60
	棉纱头	kg	0.80	10.00	8.00
	其他材料费	%	15.00	77.70	11.66
1.3	机械使用费	元			241.09
	门式起重机 10t	台时	1.10	161.69	177.86
	电焊机 20~30kVA	台时	3.80	10.87	41.31
	其他机械费	%	10.00	219.17	21.92
2	施工管理费	%	18.00	409.80	73.76
3	企业利润	%	7.00	814.01	56.98
4	税金	%	3.22	1233.73	28.05
	合计	元			899.04
	单价	元			899.04

表 8-2　安装工程单价表

工程名称:闸门工地运输　　　　　单价编号:　　　　　　　　　　单位:t

序号	项目	单位	数量	单价/元	合计/元
1	直接费	元			78.63
1.1	人工费	元			9.31
	工长	工时	0.10	9.45	0.95
	高级工	工时	0.50	6.30	3.15
	中级工	工时	0.70	5.40	3.78
	初级工	工时	0.50	2.85	1.43
1.2	材料费	元			3.74
	零星材料费	%	5.00	74.89	74.89
1.3	机械使用费	元			65.58
	汽车起重机 30t	台时	0.20	203.49	40.70

（续）

序号	项目	单位	数量	单价/元	合计/元
	平板挂车 30t	台时	0.20	19.87	3.97
	汽车拖车头 30t	台时	0.20	104.57	20.91
2	施工管理费	%	18.00	9.31	1.68
3	企业利润	%	7.00	80.31	5.62
4	税金	%	3.22	143.03	2.77
	合计	元			88.70
	单价	元			88.70